# HIDDEN SYSTEMS

## 숨은 시스템

댄 놋 지음 | 오현주 옮김 | 이기진 감수

물·전기·인터넷,
우리가 사는 세상을 움직이는
보이지 않는 시스템에 관한 기발한 이야기

더숲

숨은 시스템은
공학 이상의 것으로,
우리의 삶과 사고를 만든다.

# 차례

일러두기

─────────────────────────────────────

* 옮긴이의 주는 지면의 한계로 본문에서 붉은색 일련 번호로 표기한 후, 후주로
  작업했습니다.

# 숨은 시스템 속 기호

 정보의 일부

 무선 데이터

 전류

 발전기의 회전

 변압

 정전

 오염과 독성

 이동하는 물

# 감수의 글

우리는 3차원의 시각적 세상에 살고 있다. 시각적 세상은 전적으로 광학의 세계다. 눈에 보이는 물체와 풍경을 통해 감정을 느끼고 표현하며 판단하고 소통한다. 색을 볼 수 없는 사람은 흑백의 세상이, 근시나 원시인 사람은 흐릿한 세상이 전부일 것이다. 하지만 보이는 세상은 전부가 아니다. 세상엔 보이지 않는 세계도 존재한다. 마치 숨겨진 차원의 세계가 존재하는 것처럼. 인식할 수 없는 세계는 인간의 눈에는 보이지 않고 숨겨져 있다. 인간이 세상의 기준이 아니니 당연한 일이다. 하지만 세상엔 보이지 않는 차원의 세계가 존재하고, 존재해야만 지금의 우주를, 세상을 설명할 수 있다.

세상을 움직이는 시스템도 마찬가지다. 보이지 않은 촘촘한 시스템의 연결이 우리 세상을 만들고 운영하고 있다. 우린 이 시스템의 설계자이자 사용자다. 물리학자인 나는 이런 숨겨진 복잡한 시스템 속을 들여다보고 싶은 간절한 욕망이 있다. 하지만 이런 시스템은 점점 고도화되어 이해할 수 없는 블랙박스처럼 작동되고 있다. 시간이 지남에 따라 더욱더 복잡해지겠지만, 그 원리를 이해한다면 세상을 이해할 수 있다.

우리는 잘 알고 있다고 생각하는 것들에 대해 '왜 그렇지?' 하는 의문을 품지 않는다. 물, 전기, 인터넷 등을 사용하면서도 이런 것들이 어떻게 내 앞에, 내 주위까지 올 수 있는지에 대해서는 모른다. 이런 시스템의 작동 원리는 우리가 생각하는 상상 이

상이다. 과학기술의 원리를 바탕으로 자본론적·인문학적·역사적 배경을 가지고 있다. 현재까지의 진화 논리를 이해한다면 앞으로 새롭게 발전될 미래 시스템을 예측할 수 있다.

이 책은 우리 사회를 움직이는 시스템의 과거와 현재 그리고 미래의 이야기를 친절한 만화로 자세히 설명하고 보여준다. 또한 기술에 의한 시스템의 발전이 가져온 현재의 우리 삶과 그 이면의 세계에서 반작용으로 벌어진 환경오염과 기후 변화, 불평등 등의 사회 문제에 대한 고찰을 설득력 있게 이끌어내고 있다.

이 책은 내가 본 과학만화 중 가장 진지한 만화다. 한 컷 한 컷 구성과 연결이 논리적이고 과학적이다. 보통 사람이라면 그냥 지나칠 수도 있는 연결고리의 논리가 정확하고 명확하다. 시각적·서사적·과학적·인문학적, 교육적 내용에 유머까지 담겨있다. 이렇게 만화를 그릴 수 있는 작가는 흔치 않다는 의미다. 만화의 컷들과 내용만 봐도 과학과 인문학에 대한 작가의 전반적인 지식과 사고를 엿볼 수 있고, 작가의 관점을 신뢰하면서 따라갈 수 있다. 이 점이 이 책의 커다란 장점이자 멋진 부분이다.

이처럼 신뢰할 수 있고 깊이 있는 관점의 콘텐츠를 시대에 맞는 형식과 세련된 디자인으로 구성하는 방법을 젊은 친구들이 활용했으면 좋겠다. 그들이야말로 우리의 '숨은 시스템(Hidden Systems)'이므로.

이기진

# 숨은 시스템이란
# 무엇일까?

세상에 숨겨진 궁극의 진리가 있다면
우리가 만든 무엇인가가 있고, 마찬가지로 그것을 쉽고
다르게 만들 수도 있다는 것입니다.

−데이비드 그레이버, 인류학자이자 정치운동가

숨은 시스템은 항상
뉴스에 등장한다.

미국 핵심
정보망에
사이버 공격이

식수에서
납 성분이

둑이
붕괴하여

엄청난
정전
사태가

보통 갑작스럽게 일이
벌어질 때 그렇다.

(특히 무언가 폭발하면)

하지만 시간이 지나면
우리는 다시
숨은 시스템을 잊은 채

우리가 받는 혜택을
대수롭지 않게 여기거나

누군가에게 해를
입힐 수 있다는
것을 외면한다.

위이이이잉

위이이이잉

이 시스템은 우리 사회를
지탱하고 있지만

제대로 작동될 때조차

불평등의 근원이
되기도 하고

환경에 해를
입히기도 한다.

15

이 모든 것이 우리가
잘 알아채지 못하는 것 속에
들어 있다는 것을
보여줄 수 있어서다.

이 책을 쓰기 위해
많은 사람과 대화하고,
할 수 있는 한 많은 책을
읽었다.

기술자의 책
역사학자의 책
개인적인
경험

나는 질문을 하고
그 대답을 그림으로
그리는 것이

만화가

무언가를 배우고
이해하기 위한 강력한 방법이
될 수 있다고 믿는다.

?

?

인터넷을 어떻게 그릴까?
VS.
인터넷이란 실제로 무엇일까?

전기는 어떻게
세계를 움직일까?

수도 시스템은
지구의 기후 변화와
어떤 관련이 있을까?

이 책 속에는
위와 같은 질문을
던지는 과정은 물론
표면 아래 숨겨진

작은 조각들을 발견하는
과정도 담겨 있다.

네트워크는 곧 컴퓨터다.

−존 게이지, 선마크로시스템즈 공동 창업자

# 1장

# Lines of Light

## 빛줄기

인터넷을 어떻게 그릴까,
인터넷이란 실제로 무엇일까?

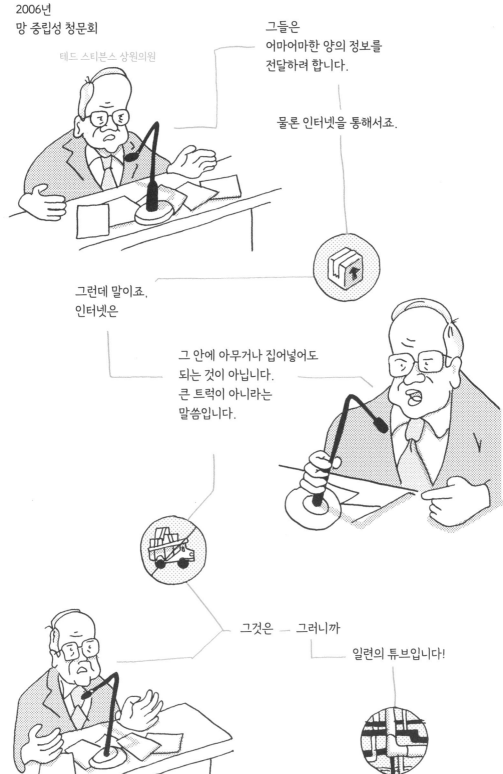

2006년
망 중립성 청문회

테드 스티븐스 상원의원

그들은
어마어마한 양의 정보를
전달하려 합니다.

물론 인터넷을 통해서죠.

그런데 말이죠,
인터넷은

그 안에 아무거나 집어넣어도
되는 것이 아닙니다.
큰 트럭이 아니라는
말씀입니다.

그것은 ── 그러니까

일련의 튜브입니다!

인터넷은 꽤 추상적으로 보일 수 있다.

잘 있냐?

시간과 공간을 초월한 것처럼
보이기 때문이다.

별로. 넌?

우리가 인터넷에 대해 말하고 생각할 때 시각적 은유를 은근히 혼합해 사용하려는 이유도 그 때문일 것이다.

그런데 인터넷을 표현하는 방식이 은유밖에 없다면

우리가 인터넷을 이해하고 묘사할 때 과연 어떤 영향을 받게 될까?

# 1.
# 인터넷에 대한 정의

인터넷은 우리가
사는 공간이나
차원과는 전혀 다른
것으로 묘사되곤
하는데,

이는 초기
인터넷을 그린
공상 과학 소설
속에도 나타난다.

"어쨌든 나는
컴퓨터 화면 속에
존재하는 추상 공간이
하나의 우주가
될 수 있다는 것을
알았다."

월리엄 깁슨은
1984년 발표한 소설
《뉴로맨서》에서
'사이버 스페이스'라는
말을 대중화하며

디지털과 정신을
모두 포함하는
공간으로 묘사했다.

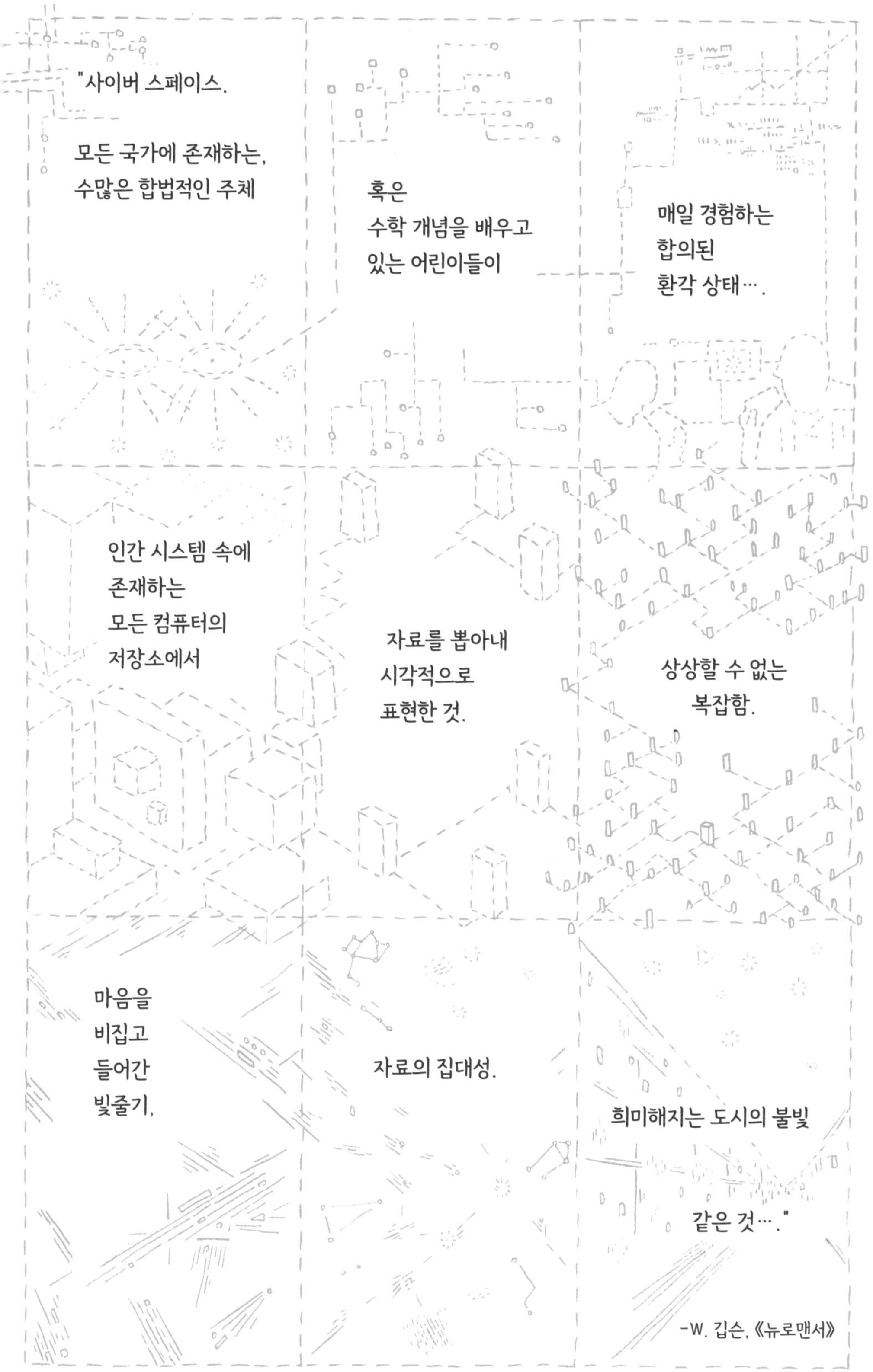

"사이버 스페이스.

모든 국가에 존재하는,
수많은 합법적인 주체

혹은
수학 개념을 배우고
있는 어린이들이

매일 경험하는
합의된
환각 상태….

인간 시스템 속에
존재하는
모든 컴퓨터의
저장소에서

자료를 뽑아내
시각적으로
표현한 것.

상상할 수 없는
복잡함.

마음을
비집고
들어간
빛줄기,

자료의 집대성.

희미해지는 도시의 불빛

같은 것…."

−W. 깁슨, 《뉴로맨서》

우리가 사용하는 은유에는
보통 선입견이 녹아 있다.

예를 들어 인터넷을 교통 인프라에
빗대어 설명하려 할 때

초고속
정보통신망

진입 차선이
등장하고,

온라인
트래픽을
설명할 때

빠른 길이나
느린 길이
등장하는데,

이런 경우 인터넷은 공공 목적으로 건설되고
유지되고 규제되는 것처럼 보인다.

인터넷으로 연결되고
소통하는 것을
표현할 때

우리는 '광장'을
등장시키거나
'가상 사회'의
집합이라는 말을 쓴다.

경제 관점에서 보면,

인터넷은 상업 활동이
일어나고 아이디어가
거래되는 시장이나
성장의 동력이
되기도 한다.

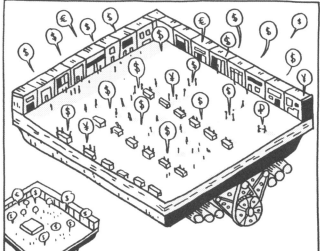

정부의 개입으로부터
자유로운 공간인

인터넷은
개척자이며,

황야를 활보하는
무법자이기도 하고,

생태계만큼이나
자율적이다.

때때로 이 개척자는 정보의 바다라고 묘사되기도 하는데, 그 안에는

표면 웹과

검색 기능으로 찾아지지 않는 '심층 웹'이 있다.

이곳을 항해하는 인터넷 익스플로러(탐험가)는

해적에게 약탈당하기도 하고,

목적을 잃은 채 호기심만으로 항해하기도 한다.

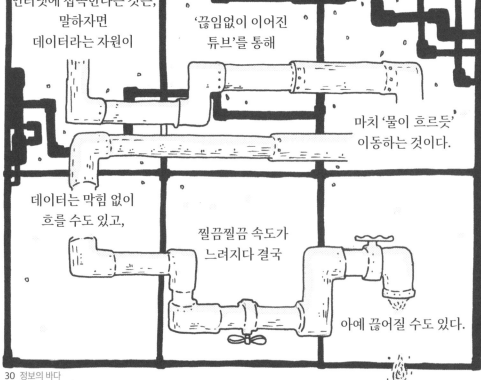

인터넷에 접속한다는 것은, 말하자면 데이터라는 자원이

'끊임없이 이어진 튜브'를 통해

마치 '물이 흐르듯' 이동하는 것이다.

데이터는 막힘 없이 흐를 수도 있고,

찔끔찔끔 속도가 느려지다 결국

아예 끊어질 수도 있다.

'클라우드'는 공중 어딘가에서 정보가 깜빡이거나 통통 튀면서

순간적으로 층을 이루어 쌓인 것이라는

의미를 담은 은유적 표현이다.

이 말을 통해 우리는 데이터를 공유하고 저장하고자 할 때

이상적이면서도 가벼운 해결책을 얻을 수 있다.

하지만 실제 인터넷은 거의 정반대다.

인터넷을 은유로
설명하는 것이
유용할 수는 있어도

인터넷이 정말
무엇인가, 무엇을 위해
사용하는가라는
문제에 들어가면

금세
혼란스러워진다.

우리 세계가
어떻게
시스템으로
연결되어
있는자에 대한

역사·지리적
사실이
감춰지기도 한다.

우리는 '인터넷'과 '웹'
이라는 말을 보통 같은
의미로 사용하는데,

사실 인터넷이란 우리가 웹에 접속하거나
데이터를 이곳에서 저곳으로 옮기기 위해
사용하는 대부분의 물리적 기반시설이다.

" 웹 "

" 인터넷 "

우리는 인터넷이 어떻게 작동하는지, 그리고 우리 개개인과 사회에

망 중립성에 대한 인식이 변화하면서 인터넷에 대한 기본 전제 역시 바뀔 것으로 보입니다.

EVENI NEWS

어떤 영향을 미칠지에 대한

최근 일어난 해킹 사건으로 소비자들은 데이터가 안전한지 우려를 나타내고 있습니다.

문제에 맞닥뜨린다.

전문가들은 고도화된 사이버 공격은 재앙이 될 수 있다고 경고합니다.

NEWS

인터넷이 가진 문제를 이해하기 위해

인터넷이란 정말 무엇인지,

어디서 유래했는지,

그리고 온라인에 무언가 게시하고, 읽고, 볼 때마다 그 기저에서 일어나는 일이 무엇인지 이해해야 한다.

# 2.
# 케이블

인터넷에 관해 말하다 보면
인터넷이 마치 하늘을
누비고 있다는 착각이
들기도 한다.

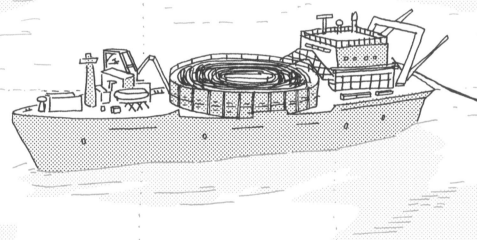

태평양의
케이블 부설함

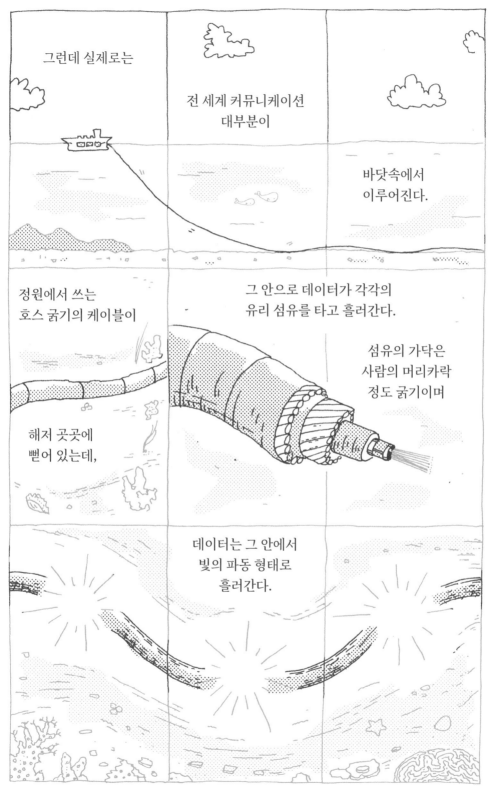

그런데 실제로는

전 세계 커뮤니케이션 대부분이

바닷속에서 이루어진다.

정원에서 쓰는 호스 굵기의 케이블이

그 안으로 데이터가 각각의 유리 섬유를 타고 흘러간다.

섬유의 가닥은 사람의 머리카락 정도 굵기이며

해저 곳곳에 뻗어 있는데,

데이터는 그 안에서 빛의 파동 형태로 흘러간다.

현재의 케이블은
첨단 기술 같아 보이지만,
사실 가장 오랜 역사를
지닌 통신 기술을
기반으로 만들어졌다.

1844년 새뮤얼 모스는
워싱턴 D.C에서
볼티모어로 자신이 만든
암호를 이용해 최초의
전보를 띄웠는데,

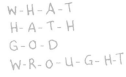

이를 계기로 너도나도
케이블을 매설하려는
움직임이 나타났다.

그 후 얼마 지나지 않아
영국의 기술자들이 해저
케이블을 개발했다.

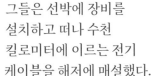

그들은 선박에 장비를
설치하고 떠나 수천
킬로미터에 이르는 전기
케이블을 해저에 매설했다.

덕분에 아주 멀리 떨어진
그들의 먼 제국들과의
소통이 원활해졌다.

전 세계에 펼쳐진 영국 식민지 영토를 '올 레드 라인'[1]이라 알려진 네트워크로
연결한 셈이다.

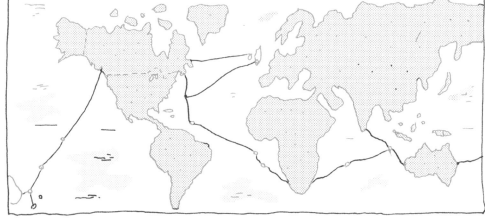

같은 시기, 케이블은 미국의 제국 점령지에서도 중요한 역할을 했다.

1898년 미국이 쿠바를 침공할 당시 미 해군은 쿠바섬을 스페인 제국으로부터 떼어놓을 목적으로 해저 케이블 일부를 잘라냈다.

미국은 1903년 최초의 태평양 횡단 케이블을 매설했고 이를 통해 그 당시 점령한 필리핀에 직접 연락을 취할 수 있었다.

시어도어 루스벨트는 태평양 케이블 등을 이용해 세계 곳곳으로 메시지를 보냈다. 아래는 미국에서 다른 나라로 보낸 최초의 메시지다.

저는 필리핀 주민 여러분에게 인사를 건네며 미국 태평양 케이블의 문을 열고자 합니다.

1903년 7월 4일

제국주의와 상업 주도의 해저 케이블 붐이 어우러져 만들어낸 통신 네트워크는 인류 역사상 최초로 세계화된 커뮤니케이션 시스템이었다.

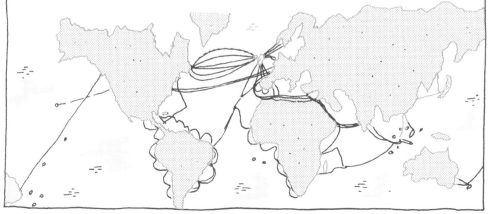

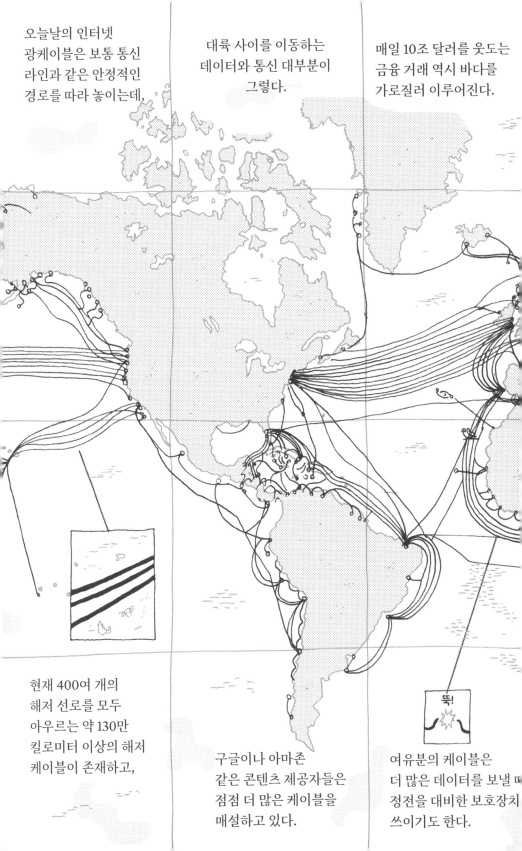

오늘날의 인터넷 광케이블은 보통 통신 라인과 같은 안정적인 경로를 따라 놓이는데,

대륙 사이를 이동하는 데이터와 통신 대부분이 그렇다.

매일 10조 달러를 웃도는 금융 거래 역시 바다를 가로질러 이루어진다.

현재 400여 개의 해저 선로를 모두 아우르는 약 130만 킬로미터 이상의 해저 케이블이 존재하고,

구글이나 아마존 같은 콘텐츠 제공자들은 점점 더 많은 케이블을 매설하고 있다.

뚝!

여유분의 케이블은 더 많은 데이터를 보낼 때 정전을 대비한 보호장치 쓰이기도 한다.

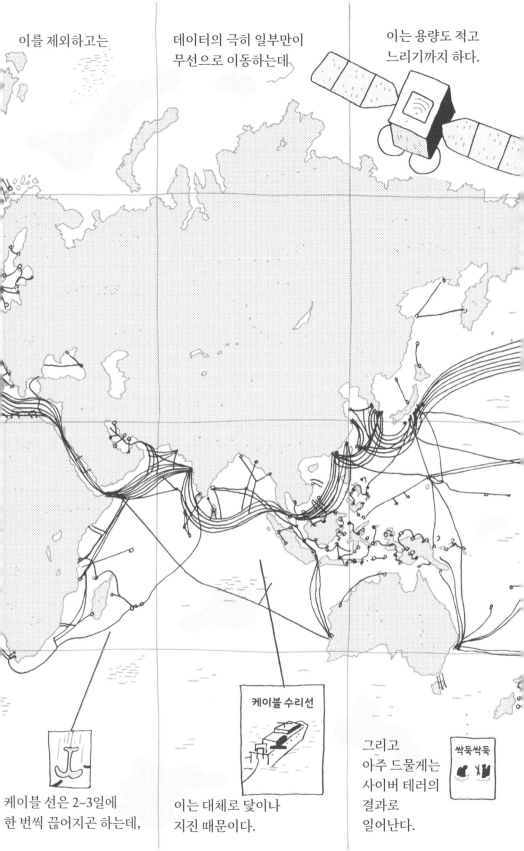

이를 제외하고는

데이터의 극히 일부만이
무선으로 이동하는데

이는 용량도 적고
느리기까지 하다.

케이블 수리선

케이블 선은 2~3일에
한 번씩 끊어지곤 하는데,

이는 대체로 닻이나
지진 때문이다.

그리고
아주 드물게는
사이버 테러의
결과로
일어난다.

싹둑싹둑

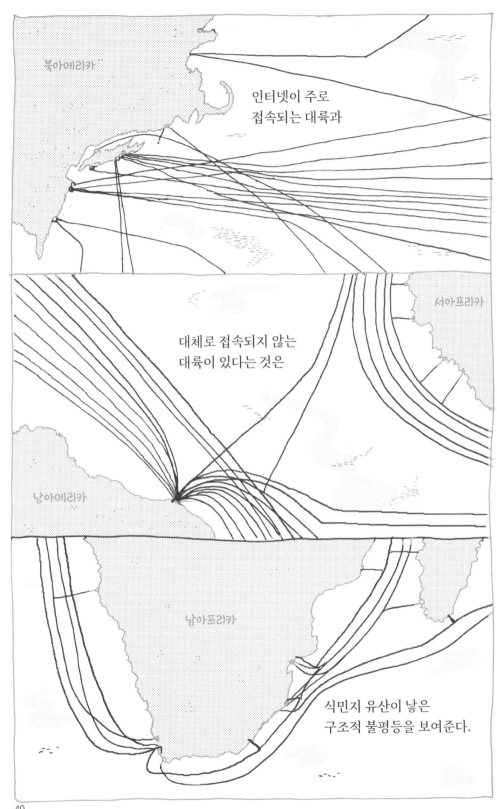

북아메리카

인터넷이 주로
접속되는 대륙과

서아프리카

대체로 접속되지 않는
대륙이 있다는 것은

남아메리카

남아프리카

식민지 유산이 낳은
구조적 불평등을 보여준다.

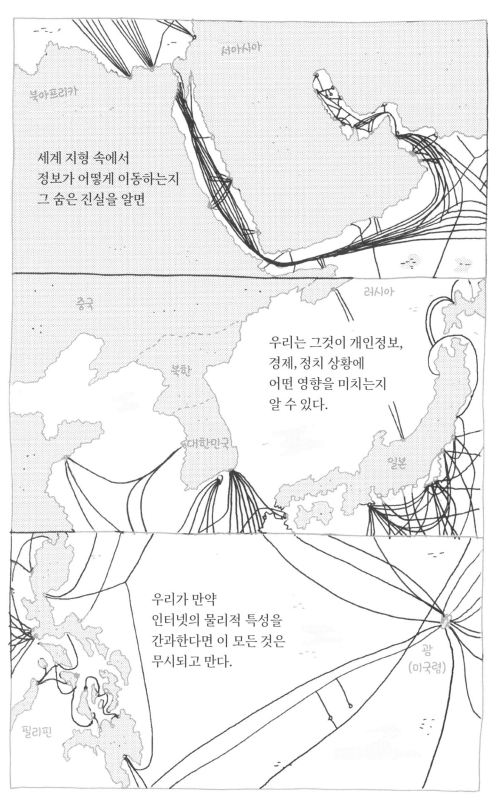

세계 지형 속에서
정보가 어떻게 이동하는지
그 숨은 진실을 알면

우리는 그것이 개인정보,
경제, 정치 상황에
어떤 영향을 미치는지
알 수 있다.

우리가 만약
인터넷의 물리적 특성을
간과한다면 이 모든 것은
무시되고 만다.

케이블은
바닷속에서

수백 킬로미터를
뻗어온 뒤 해안으로
올라와

해변에서 멀지 않은
기지국에 연결된다.

데이터는 이러한 지상
네트워크 안에서
처리되고 전송된다.

육지를 가로지르는
인터넷 케이블은 대부분
지표면 아래에 매설되는데,

기찻길을 따라
묻히거나

우선 통행권을 얻기
수월한 주요 고속도로와
나란히 묻힌다.

해저나 대륙을 십자로 가로지르는 케이블은
다양한 기업과 정부에서 설치해
소유하고 있으며

이미 존재하는 믿을 만한
경로를 따라 층을
이루어 설치되어 있다.

인터넷이 처음부터 통신 네트워크를 사용한 것을 보면 기반시설은 대체로 다른 시스템이 먼저 조성해놓은 길을 따르는 경향이 있다는 것을 알 수 있다.

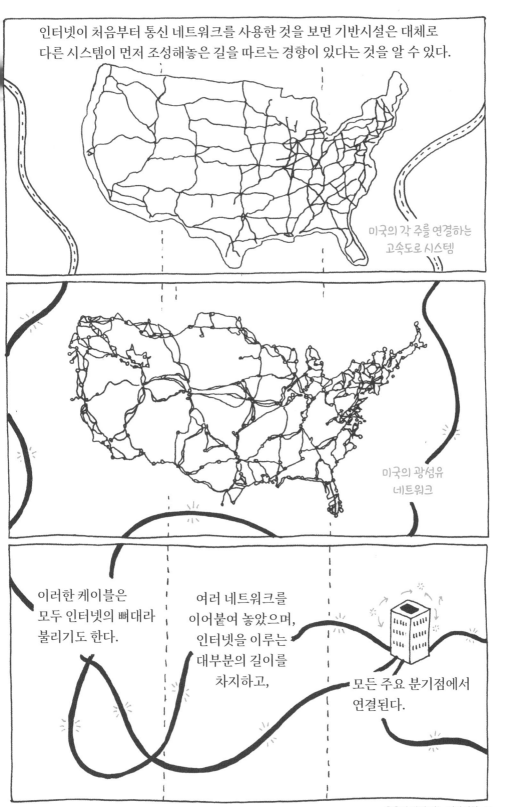

미국의 각 주를 연결하는 고속도로 시스템

미국의 광섬유 네트워크

이러한 케이블은 모두 인터넷의 뼈대라 불리기도 한다.

여러 네트워크를 이어붙여 놓았으며, 인터넷을 이루는 대부분의 길이를 차지하고,

모든 주요 분기점에서 연결된다.

# 3.
# 접속

1960년대 미군부가 왜 그 시대의
중앙컴퓨터 시스템을 연결하려 했는지를 두고
논쟁이 벌어졌는데,

한 가지는
분명했다.

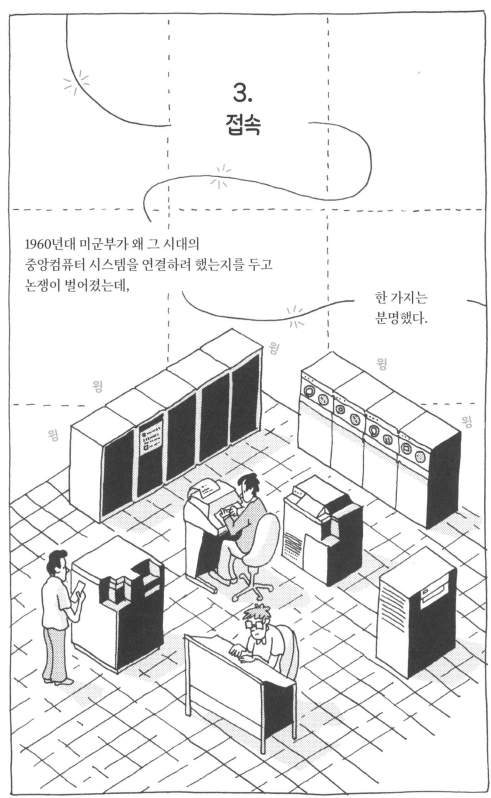

1969년 10월 29일, UCLA 학생과 교수진은 방 크기만 한 컴퓨터 두 대를 연결하려던 참이었다.

그때만 해도 그들은 자신들이 무엇을 발명하게 될지 알지 못했다.

연구실은 미 국방부의 고등군사 연구계획국 (ARPA)의 컴퓨터 네트워크 실험을 수행하고 있었다.

정부 재산
DAHC-0179-13-

데이터 전송에 대한 새로운 가설을 가지고

패킷 교환[2]

IMP-게이트웨이[3]로 알려진 초기의 라우터[4]라는 초현대적인 기계를 이용하여

수 킬로미터 떨어진 두 대의 컴퓨터를 통신 네트워크로 연결하려 한 것이다.

미국

연결에는 성공했지만

'로그인'이라는 단어를 교환하는 도중에 메모리 과부하로 시스템이 다운되었다.

네트워크를 통해 보낸 첫 번째 메시지는 'L-O'였다.

더 많은 라우터가 설치되어

UCLA대학교

미국 곳곳에 존재하는 중앙컴퓨터들과 연결됨에 따라

스탠퍼드 연구소

아르파넷이라는 네트워크의 규모는 통신 네트워크를 따라 확장되고

1969

유타대학교

캘리포니아대학교 샌타바버라캠퍼스

서로 연결되었는데,

스탠퍼드 대학교

스탠퍼드 디벨롭먼트 코퍼레이션[6]

랜드 연구소, 미국 대표적인 싱크탱크

이는 미국 군부와 교육기관으로부터

1970

전국 방방곡곡으로까지 이어졌다.

링컨대학교

매사추세츠 공과대학교

군단지역 지원 반

BBN테크놀로지스

하버드대학교

카네기멜런대학교

아르파넷은 학계에서 연구용으로 사용되다가

만들어진 지 얼마 되지 않아

1973

군부에서 미국인들을 감시할 목적으로 사용하기도 했다.

군부와 아르파 펀드를 부담한 대학만이 아르파넷에 접속 가능한 노드를 가질 수 있었다.

소속 연구원들은 초기 네트워크의 프로토콜을 개방형으로 쓰고자 했다.

이메일은 우연한 계기로 발명되었음에도 놀라운 성공을 거둬 오늘날에도 변함없이 쓰이고 있다.

베트남에서 철수하라

ARPA

IBM과 제록스 같은 기업들은 네트워크 연결에 자신들의 컴퓨터가 사용되는 것에 관심이 있었고,

S.N.A
D.E.C
S.N.A
D.E.C

나사(NASA) 같은 기관은 자체적으로 장거리 네트워크를 개발하기도 했지만

그들 사이에 공통의 네트워크 언어가 없어 서로 소통할 수 없었다.

1983년, TCP/IP라 불리는 프로토콜이 법으로 정해졌다. 이는 데이터가 어떻게 보내지고, 이동하고, 수신되는지에 대한 국제적인 규약이 만들어졌다는 의미이며

TCP
TCP

여기저기 흩어져 있던 네트워크를 한데 모아 연결할 수 있게 되었다는 뜻이기도 하다.

이로써 초기 인터넷의 형태가 확립되기에 이르렀다.

1980년대 인터넷은
여전히 기본적인 파일 전송,
이메일, 채팅방 정도의
기능만을 담당했다.

하지만 1991년에
월드 와이드 웹(www)이
출시되었고,

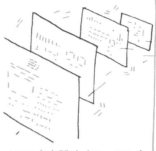

1993년의 웹사이트 : **623개**

모자이크나 넷스케이프와
같은 시각 위주의 초기
브라우저가 나오면서
인터넷 접속에 관한
새로운 수요가 생겨났다.

1994년의 웹사이트 : **10,022개**

당시 인터넷과 관련한 주요 뼈대를 관리하던
미국국립과학재단(NSF)은

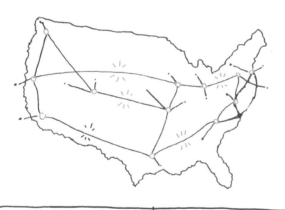

**교육적인
목적으로만!**

국내망에서 상업적 트래픽
(거래나 교환)을 허용하지
않았다.

초기 몇몇 서비스
제공업체들은
자체적으로 광케이블을
매설하기 시작했는데,

이는 상업적인 트래픽을
일으키기 위해서였다.
그러려면 분리된
네트워크 사이 어딘가를

실제로 연결할
필요가 있었다.

교환지점에서 네트워크는 모두 직접 연결되었고 이로써 고객들은 인터넷과 웹에 더 많이 접속할 수 있게 되었다.

최초의 교환지점은 버지니아주 타이슨스 코너의 한 건물 5층 사무실에 있던 MAE-East였는데,

AT&T

BRITISH TELECOM

LEVEL 3

SWITCH

건물에는 첨단기술기업 및 방위산업체가 모여 있었다.

인터넷을 민영화하려던 NSF은 '초고속 정보통신망'으로 향하는 4개의 국가 '관문' 중 하나가 되도록 지원했다.

인터넷에서의 교환은 아주 중요한 회전문 같은 것이었다.

당시 런던과 파리 간의 이메일은 대서양을 두 번이나 가로질러서야 전달되었는데, MAE-East에서 네트워크를 한 번 바꿔줘야 했기 때문이다.

한편 인터넷은 지하 주차장에 설치된 이후 빠르게 확장되었다. 교환소도 미처 달성하지 못한 속도였다.

1990년대 중반까지 주차장을 통해 지나간

인터넷 트래픽은 전체 트래픽의 절반 정도였다.

오늘날 교환지점은
전 세계 곳곳에
퍼져 있지만

주로 미국과 서유럽에
집중되어 있다.

인터넷상의
콘텐츠 대부분도 역시
이 지역에 집중되어 있[다]

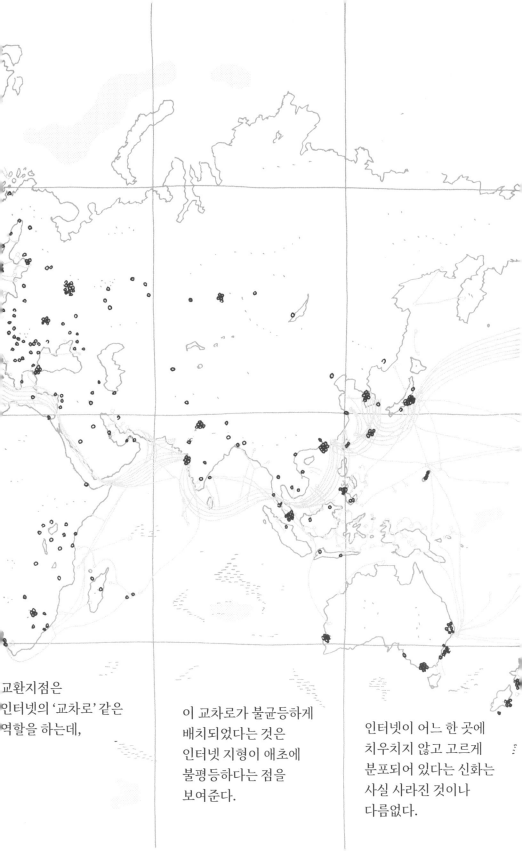

교환지점은
인터넷의 '교차로' 같은
역할을 하는데,

이 교차로가 불균등하게
배치되었다는 것은
인터넷 지형이 애초에
불평등하다는 점을
보여준다.

인터넷이 어느 한 곳에
치우치지 않고 고르게
분포되어 있다는 신화는
사실 사라진 것이나
다름없다.

인터넷 교환소의 경우,
자원봉사자들이 지역에서
비영리로 운영하거나

거대 다국적 기업이
가맹점 형태로 운영할 수도 있다.

몇몇 교환소는 용도에
맞게 다시 지어진
것으로,

그 예가 바로
뉴욕 맨해튼
허드슨가 60번지다.

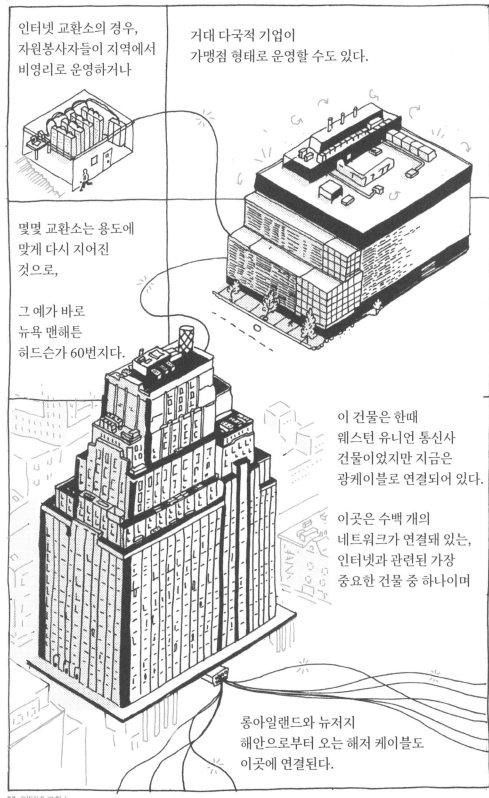

이 건물은 한때
웨스턴 유니언 통신사
건물이었지만 지금은
광케이블로 연결되어 있다.

이곳은 수백 개의
네트워크가 연결돼 있는,
인터넷과 관련된 가장
중요한 건물 중 하나이며

롱아일랜드와 뉴저지
해안으로부터 오는 해저 케이블도
이곳에 연결된다.

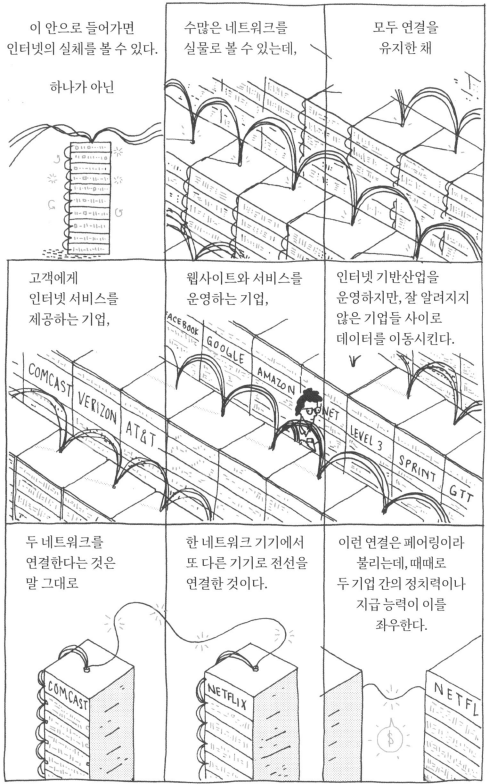

이 안으로 들어가면
인터넷의 실체를 볼 수 있다.

하나가 아닌

수많은 네트워크를
실물로 볼 수 있는데,

모두 연결을
유지한 채

고객에게
인터넷 서비스를
제공하는 기업,

웹사이트와 서비스를
운영하는 기업,

인터넷 기반산업을
운영하지만, 잘 알려지지
않은 기업들 사이로
데이터를 이동시킨다.

두 네트워크를
연결한다는 것은
말 그대로

한 네트워크 기기에서
또 다른 기기로 전선을
연결한 것이다.

이런 연결은 페어링이라
불리는데, 때때로
두 기업 간의 정치력이나
지급 능력이 이를
좌우한다.

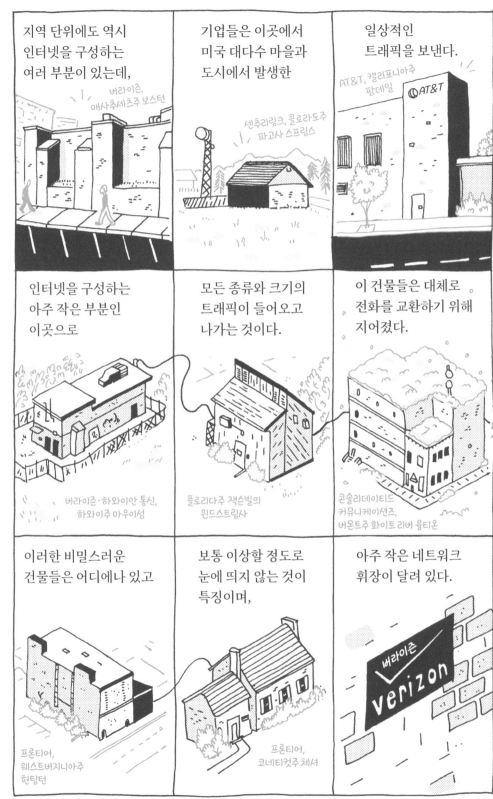

지역 단위에도 역시 인터넷을 구성하는 여러 부분이 있는데,

버라이즌, 매사추세츠주 보스턴

기업들은 이곳에서 미국 대다수 마을과 도시에서 발생한

센추리링크, 콜로라도주 파고사 스프링스

일상적인 트래픽을 보낸다.

AT&T, 캘리포니아주 팜데일

AT&T

인터넷을 구성하는 아주 작은 부분인 이곳으로

버라이즌·하와이안 통신, 하와이주 마우이섬

모든 종류와 크기의 트래픽이 들어오고 나가는 것이다.

플로리다주 잭슨빌의 윈드스트림사

이 건물들은 대체로 전화를 교환하기 위해 지어졌다.

콘솔리데이티드 커뮤니케이션즈, 버몬트주 화이트 리버 융션

이러한 비밀스러운 건물들은 어디에나 있고

프론티어, 웨스트버지니아주 헌팅턴

보통 이상할 정도로 눈에 띄지 않는 것이 특징이며,

프론티어, 코네티컷주 체셔

아주 작은 네트워크 휘장이 달려 있다.

버라이즌 verizon

데이터는 그곳에서부터 지하의 관이나

공중의 케이블을 따라

사람들의 집에 있는 모뎀과 라우터에 도달한다.

4G, LTE, 5G를 통과하는 무선 데이터는

가까운 셀룰러 타워나 안테나를 통해 사용자와 연결되고,

그 외의 네트워크는 케이블을 통해 연결된다.

'셀룰러'는 '셀'을 의미하며 안테나가 닿는 지역을 말한다.

안테나는 건물의 옥상이나

통신이 보장되는 곳 어디에나 배치된다.

우리가 휴대전화로 사진을 게시하고, 영화를 보거나 채팅할 때

사용하는 데이터는 이 경로를 따른다.

하지만 이 데이터는 어디서 나오는 걸까?

모뎀 + 라우터

지방 건물

지역 교환소

그리고 어디로 가는 걸까?

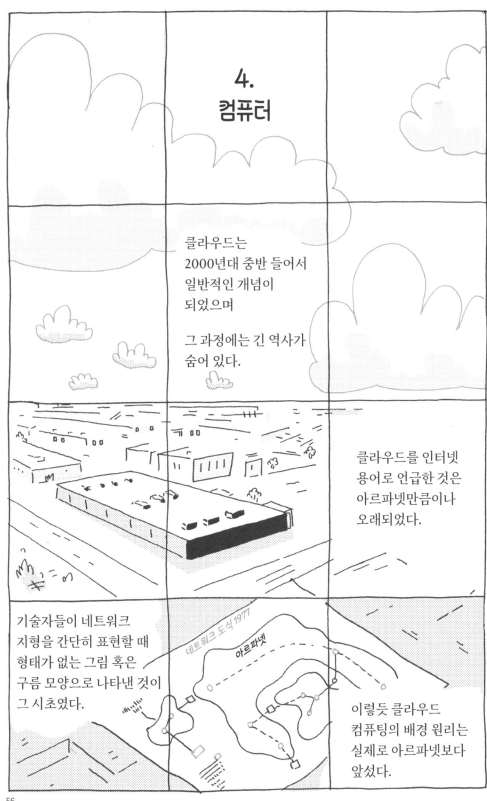

# 4.
# 컴퓨터

클라우드는
2000년대 중반 들어서
일반적인 개념이
되었으며

그 과정에는 긴 역사가
숨어 있다.

클라우드를 인터넷
용어로 언급한 것은
아르파넷만큼이나
오래되었다.

기술자들이 네트워크
지형을 간단히 표현할 때
형태가 없는 그림 혹은
구름 모양으로 나타낸 것이
그 시초였다.

네트워크 도식 1977

아르파넷

이렇듯 클라우드
컴퓨팅의 배경 원리는
실제로 아르파넷보다
앞섰다.

1960년대 방 크기만 한 컴퓨터는 어마어마하게 비쌌기 때문에 단 한 명이 사용하기에는 비효율적이었다.

그러다 시분할[7]이라는 과정이 생겨나고 여러 사람이 동시에 각자의 컴퓨터를 사용할 수 있게 되었다.

텔레타이프 터미널

그로 인해 사람들은 당장 쓰고 있는 컴퓨터가 자신의 것이라 착각하기도 했다.

1980년대와 1990년대에 들어서면서 개인 컴퓨터는 저렴해졌고,

코모도어 64
1982

컴퓨터를 공유한다는 인식이 더는 적절치 않게 되었다.

매킨토시
1984

모두가 자신만의 컴퓨터를 쓰며 자신만의 컴퓨터에 자기 데이터를 저장할 수 있게 된 것이다.

IBM PS2
1989

2000년대 중반 이후로 컴퓨터를 이용하는 방식에 다시 한번 변화가 일어났는데,

우리가 작업한 것과 데이터의 많은 부분을 '클라우드'로 옮길 수 있게 되면서부터다.

이제 우리가 매일 사용하는 컴퓨터는 더 이상 방 크기만 하지 않다.

북부 버지니아를 가로지르는
수십 개의 아마존 데이터 센터

이것은 창고만 한
크기다.

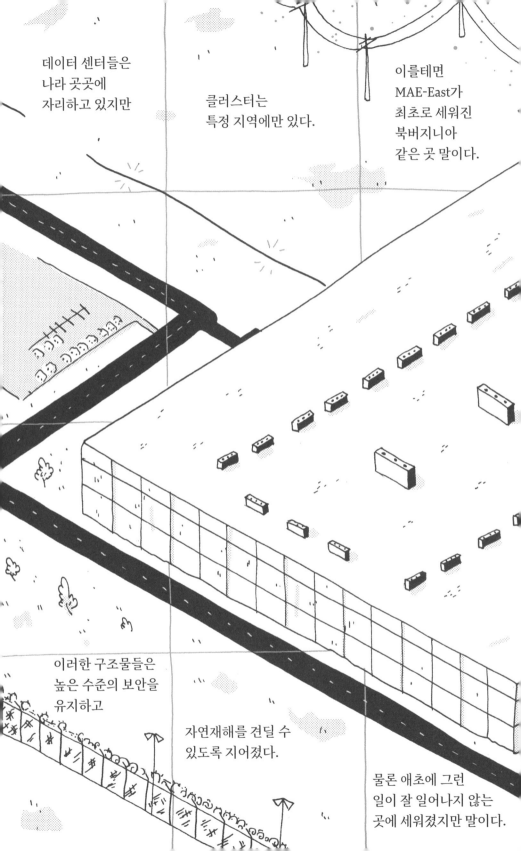

데이터 센터들은
나라 곳곳에
자리하고 있지만

클러스터는
특정 지역에만 있다.

이를테면
MAE-East가
최초로 세워진
북버지니아
같은 곳 말이다.

이러한 구조물들은
높은 수준의 보안을
유지하고

자연재해를 견딜 수
있도록 지어졌다.

물론 애초에 그런
일이 잘 일어나지 않는
곳에 세워졌지만 말이다.

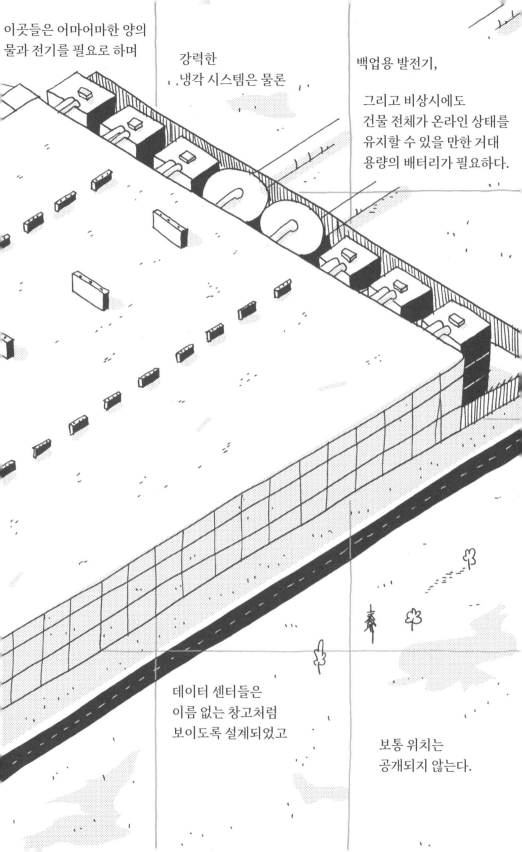

이곳들은 어마어마한 양의
물과 전기를 필요로 하며

강력한
냉각 시스템은 물론

백업용 발전기,

그리고 비상시에도
건물 전체가 온라인 상태를
유지할 수 있을 만한 거대
용량의 배터리가 필요하다.

데이터 센터들은
이름 없는 창고처럼
보이도록 설계되었고

보통 위치는
공개되지 않는다.

기사를 읽거나
영화를 볼 때

공유된 문서를
수정하며,

수백 혹은 수천 킬로미터
떨어져 있는

이곳 공유
컴퓨터에서는
이런 일이 실제로
일어난다.

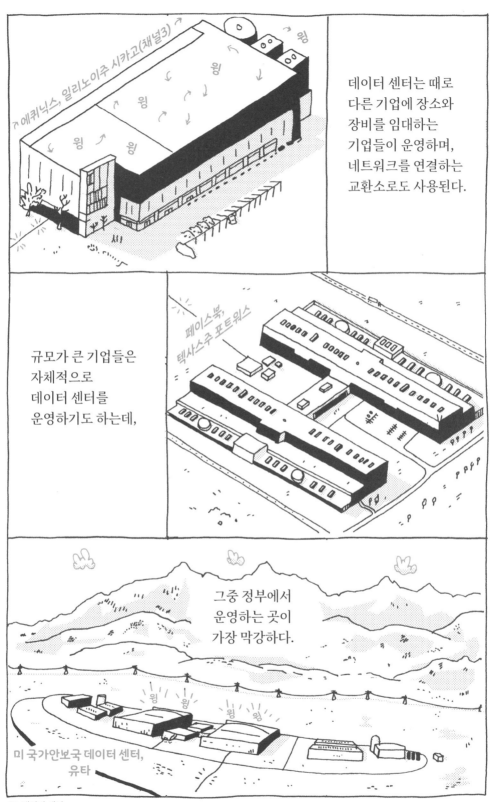

데이터 센터는 때로 다른 기업에 장소와 장비를 임대하는 기업들이 운영하며, 네트워크를 연결하는 교환소로도 사용된다.

에퀴닉스, 일리노이주 시카고(채널3)

윙

규모가 큰 기업들은 자체적으로 데이터 센터를 운영하기도 하는데,

페이스북, 텍사스주 포트워스

그중 정부에서 운영하는 곳이 가장 막강하다.

미 국가안보국 데이터 센터, 유타

윙 윙 윙 윙

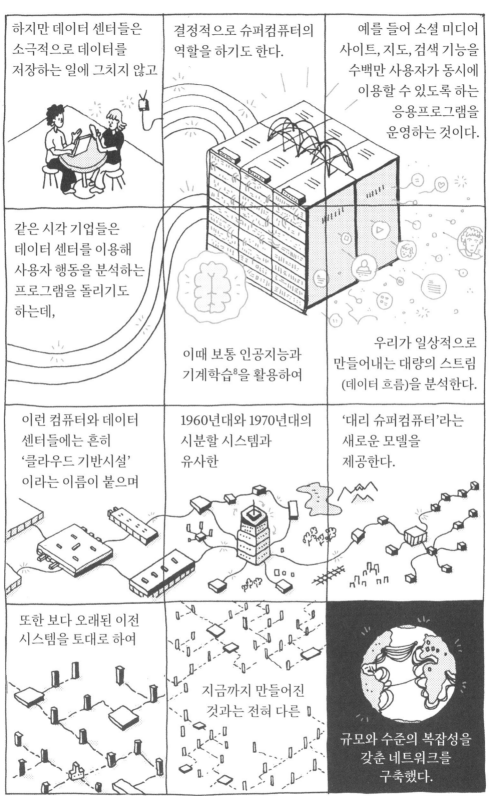

하지만 데이터 센터들은 소극적으로 데이터를 저장하는 일에 그치지 않고

결정적으로 슈퍼컴퓨터의 역할을 하기도 한다.

예를 들어 소셜 미디어 사이트, 지도, 검색 기능을 수백만 사용자가 동시에 이용할 수 있도록 하는 응용프로그램을 운영하는 것이다.

같은 시각 기업들은 데이터 센터를 이용해 사용자 행동을 분석하는 프로그램을 돌리기도 하는데,

이때 보통 인공지능과 기계학습[8]을 활용하여

우리가 일상적으로 만들어내는 대량의 스트림 (데이터 흐름)을 분석한다.

이런 컴퓨터와 데이터 센터들에는 흔히 '클라우드 기반시설' 이라는 이름이 붙으며

1960년대와 1970년대의 시분할 시스템과 유사한

'대리 슈퍼컴퓨터'라는 새로운 모델을 제공한다.

또한 보다 오래된 이전 시스템을 토대로 하여

지금까지 만들어진 것과는 전혀 다른

규모와 수준의 복잡성을 갖춘 네트워크를 구축했다.

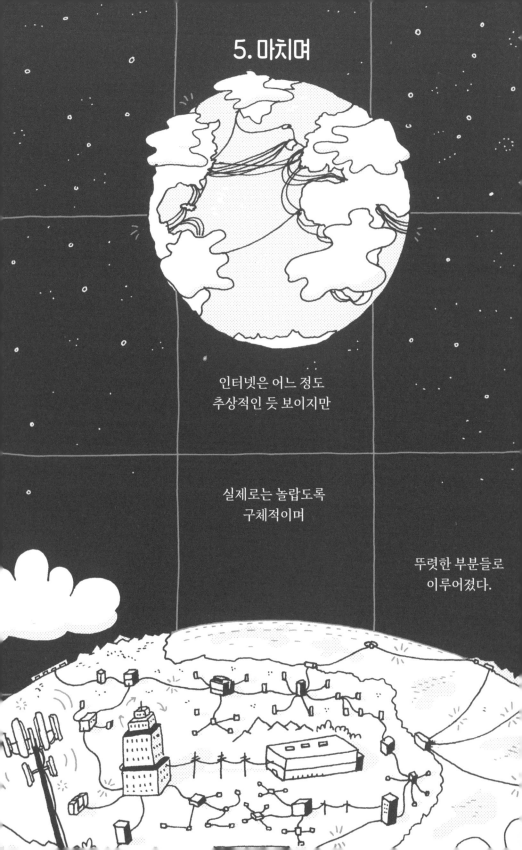

# 5. 마치며

인터넷은 어느 정도
추상적인 듯 보이지만

실제로는 놀랍도록
구체적이며

뚜렷한 부분들로
이루어졌다.

케이블은
우리의 소통을
전달하는 '튜브'다.

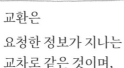

처음에는 구리로 만든
통신회선을 통해
한 번에 한 글자만
이동시켰다면

이제는 매초
테라바이트의
데이터가 해양과
대륙을 가로질러
이동한다.

교환은
요청한 정보가 지나는
교차로 같은 것이며,

인터넷 회선이 집약된
회전문 같은 것이다.

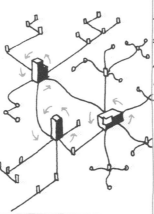

이곳에서 수천 개의
정보 소스가 연결된다.

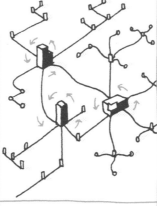

그리고 데이터 센터는

인터넷의
'클라우드'로서

모든 대륙 수십억의
사람들이 일상적으로
사용하는

윙

공유 컴퓨터를 포괄한
광범위한 구조물이다.

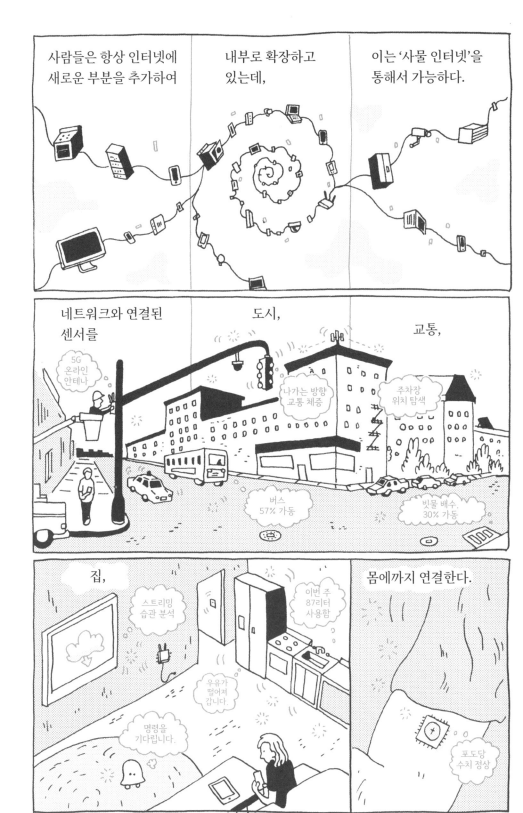

기업들이 교환소와
데이터 센터를 끊임없이
건설함에 따라

인터넷은 광섬유와
안테나를

설치하는
방식을 통해

또한 풍선,

태양열로 가동되는 드론,

멀리 떨어진 곳을
연결한 위성으로
실험하는 방식에 의해
외부로 확장된다.

이는 모두 언젠가 행성 간 네트워크를 구축하려는 가능성을 염두에 둔 것이다.

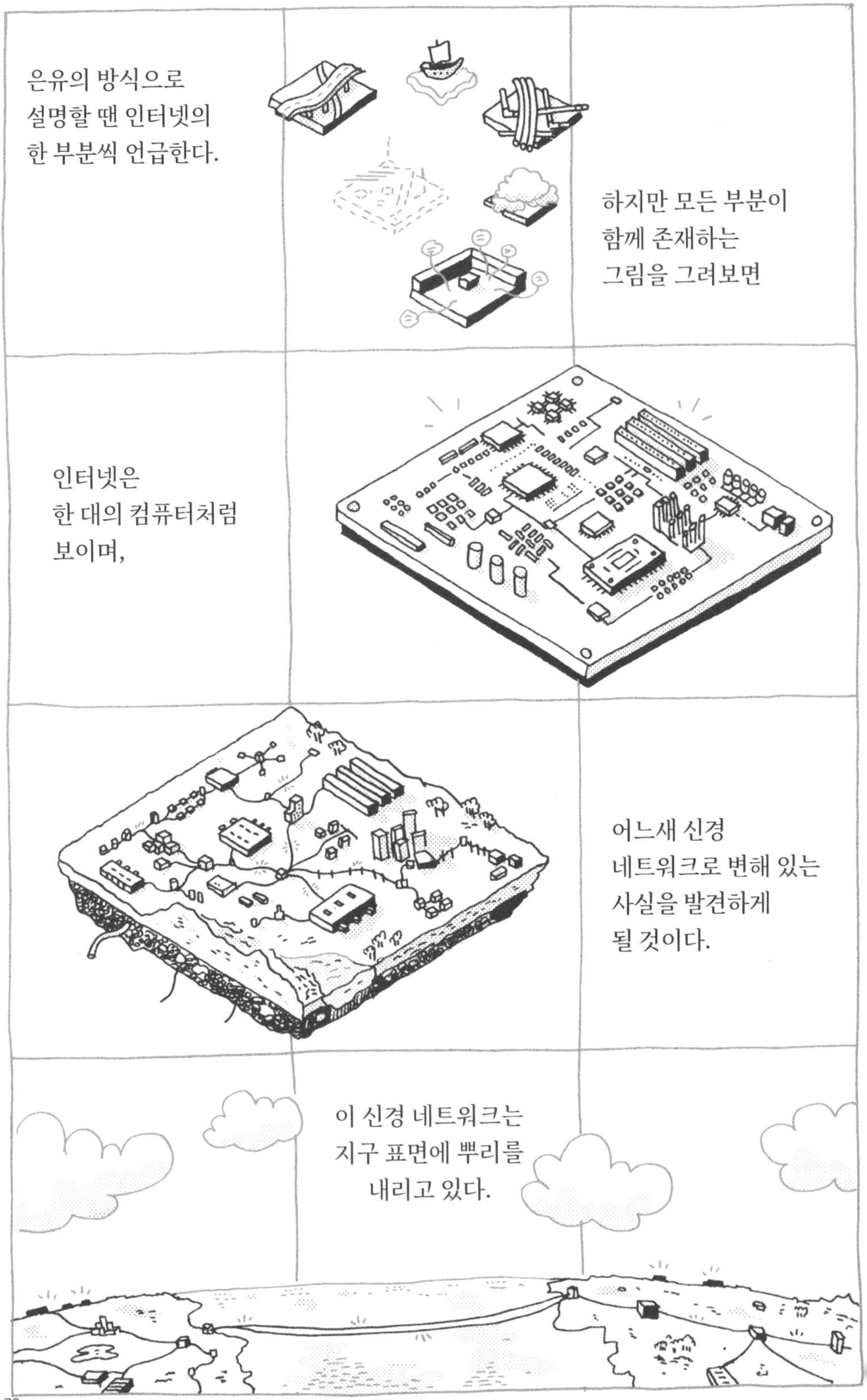

은유의 방식으로
설명할 땐 인터넷의
한 부분씩 언급한다.

하지만 모든 부분이
함께 존재하는
그림을 그려보면

인터넷은
한 대의 컴퓨터처럼
보이며,

어느새 신경
네트워크로 변해 있는
사실을 발견하게
될 것이다.

이 신경 네트워크는
지구 표면에 뿌리를
내리고 있다.

내가 들은 천둥 중 가장 먼 것이라도
하늘보다는 가까웠고,
몹시 더운 한낮에도 여전히 우르릉거렸다
쏘아대는 미사일
번개는 그 옆을 지났고
나 외에는 아무도 내려치지 않는다
내 삶의 남은 것들을
벼락과 바꾸지 않을 것이다
산소에 진 빚
행복으로 보답하겠지만
의무는 아닐 것이다
전기여,
그때 그대는 집과 갑판을 찾았고
떠들썩하게 번쩍이는 빛 뒤로
희미함이 따라온다
번쩍임이 멈추자
생각은 눈송이처럼 고요해진다
소리 없는 충돌
삶이 자아내는 반향을
어떻게 설명할 수 있겠는가

−에밀리 디킨슨, 19세기에 활동한 미국의 시인

# 2장

# Power Grid

## 전력망

전기는 어떻게 세계를 움직일까?

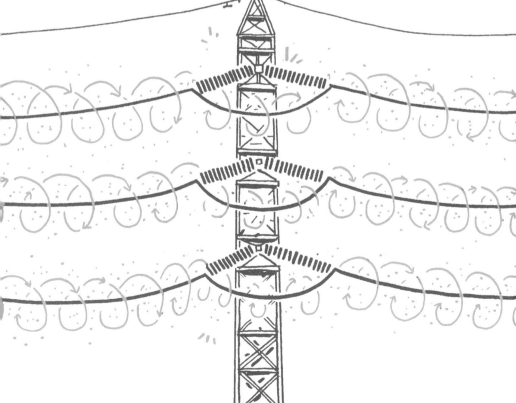

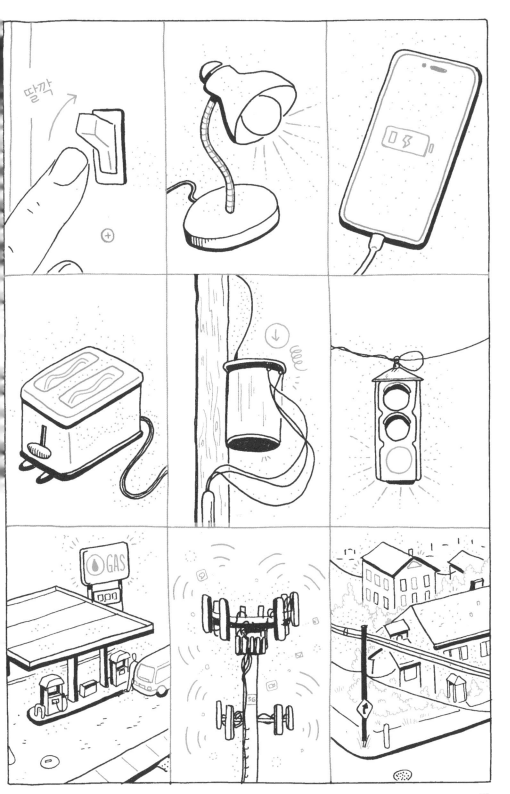

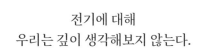

전기에 대해
우리는 깊이 생각해보지 않는다.

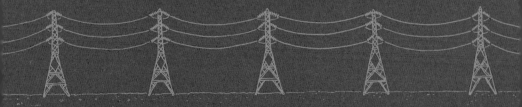

전기가 사라질 때까지.

전기가 없는
아주 찰나의 순간에도

핸드폰이
죽었어.

편히
쉬소서

배터리 수명이
더 긴 핸드폰이
필요할 것 같은데.

우리는 마치 전기에
생명이 있는 것처럼
말한다.

전기는 공장에서부터
마이크로칩에 이르기까지

모든 것에

생명을 불어넣기
때문이다.

우리는 전기와
끊임없이 붙어 지낸다.

근처에
아웃렛 있니?

저쪽에
있어.

하지만 우리 일상에서
이렇게 중요한 역할을 하는
전기를

우리는 얼마나 자주
생각하고 있을까?

음…

기본적인 것 같아도
"전기란 무엇인가?"는
만만한 질문이 아니다.

에너지?
그것과 같은
것일까?

(전기는
일종의 에너지와
같은 것이다.)

하늘에서
왔을까?

전기는 그림으로
나타내기도
쉽지 않다.
번개를 제외하고는

대체로 눈에 보이지
않기 때문이다.

(그래서
전기는 보통
상징부호로 나타낸다.)

게다가 묘사하기도
쉽지 않다. 전기와
비교할 만한 것이
없기 때문이다.

정말…
마법 같지?

(기본적으로…)

전기는 우리가 사용하는 무언가일 뿐만 아니라

물질의 가장 작은 것을 포함하는 어마어마한 자연현상이다.

↖ 원자 주위를 돌고 있는 전자

몸에 흐르는 전기신호 덕분에 우리는 생각하며 움직일 수 있다.

원자는 전자를 붙잡아주는 인력을 갖고 있다.

구리 원자

전자

음전하를 띰

전자는 물질의 구성요소인데,

전자가 움직이면 전류가 흐르게 된다.

전기는 전류가 흐르는 전선과 분리되지 않는다. 사실 전기는 전선의 일부인 셈이다.

구리 선

전자는 구리 선과 같은 물질을 따라 쉽게 흐른다.

기계를 이용해 보이지 않는 전기장을 만들어

그 회로 속으로 전자를 추진시키면 전류가 만들어진다.

원자들

(역시 기본적으로 마법!)

전자들

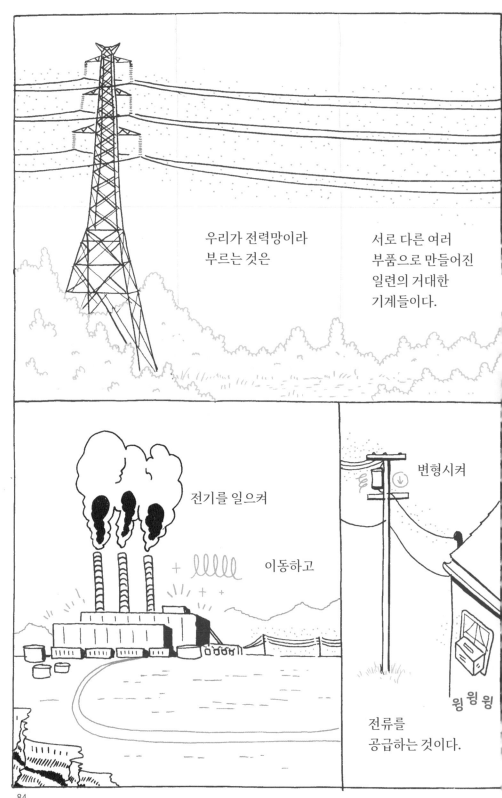

우리가 전력망이라
부르는 것은

서로 다른 여러
부품으로 만들어진
일련의 거대한
기계들이다.

전기를 일으켜

이동하고

변형시켜

전류를
공급하는 것이다.

윙 윙 윙

우리가 종종
당연하다고 생각하는,

세상에 엄청난 동력을
제공하는 이 시스템은

사실 몇 세대 전까지만 해도
존재하지 않았다.

이러한 기계를
상상하고

발명하고

설치하는 전 과정은

서서히 이루어졌다.

100년이 넘는
시간 동안 말이다.

1890　1900　1910　1920　1930　1940　1950　1960　1970　1980　1990　2000　2010　2020　2030

우리가 이 기계의
부분들을
늘 만나긴 해도

전체적으로
어떻게 생겼는지
그려보고

어떻게 재구성해낼 수
있을지 질문해보는 것은
꽤 어려운 일이다.

100년 후에는 에너지를 만들고 사용하는 방법이 달라져야 한다.

현재의 시스템으로 인해 기후에 심각한 변화가 일어나고 있으며,

이는 인류 전체를 위협하고 지구상에서 가장 취약한 사람들의 삶을 뒤바꿔놓을지도 모르기 때문이다.

기후 변화의 시대에

우리는 '100% 재생 에너지'와 '에너지 망의 녹색화'라는 개념을 이야기한다.

하지만 현존하는 시스템에 대한 논의는 별로 없고, 앞으로 필요한 행동이 무엇인지에 관한 이야기만 넘쳐나고 있다.

기후 말고 시스템을 바꿔라

석유 채취를 금지하라

우리의 미래를 태우지 말라

클린 에너지 혁명

더 이상의 대안은 없다

석탄을 반대한다

지금 즉시 기후 법률 제정

미래 동력

전력망을 재구성하기 위해서는

우리가 가진 시스템과 이것을 어떻게 얻게 되었는지

이해해야 한다.

87

# 1. 실험과 발명

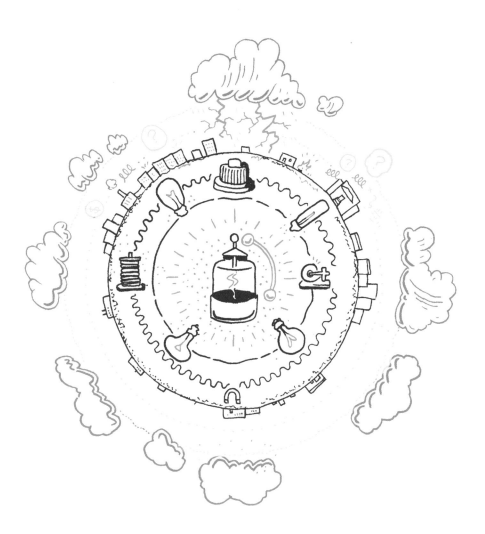

전기를 쓰기 오래전, 우리는 필요한 곳에 이런 에너지를 융통해 사용했다.

움직이는 공기 속의 에너지

동물들의 근육에 있는 에너지

무거운 것을 끌거나 나른다.

흐르는 물속의 에너지

터빈이 돌아간다.

곡식을 빻는다.

내 삶은 더 나아질 거야.

더불어 빛과 열을 얻기 위해 다양한 연료를 사용해왔다.

향유고래기름을 태우니 다른 것들보다 더 깨끗하고 밝잖아!

식물에 들어 있던 에너지

오, 중요한 전환점이군.

기름에 들어 있던 에너지

타니 지저분해지네.

콜록 콜록

고래들아, 안녕.

고래 머리에 들어 있던 에너지

한편 호기심 많은 자연 철학자들은 이 오묘한 불꽃과 설명할 수 없는 힘을 조사하기 시작했다.

하지만 그들은 여전히 그러한 작용이 무엇을 의미하는지는 물론이고

그 작용이 에너지의 근원일지도 모른다는 사실을 정확히 알지 못했다.

오묘한 전기를 띤 이 신성한 것은 무엇이더냐?

오토 폰 괴리케, 1672, 독일 물리학자

전기를 연구하기 위한 최초의 실험용 기구는 라이덴병이었다.

유럽, 1745

이 병에는 정전기와 번쩍거리는 것들을 저장할 수 있었는데,

당시에는 최첨단 과학과 마법 사이 어디쯤에 놓여 있는 것이었다.

우와아아아...

다음 세기 동안 과학자들은 서로의 전기적 발견을 토대로 연구에 매진했다. (아니면 연구를 가로챘거나.)

알레산드로 볼타는 아연과 구리 원판을 쌓아 전기를 일으켜

최초의 배터리를 발명했다.

화학 에너지를

전기 에너지로

마이클 패러데이는 전도체를 회전시켜 자석 안을 지나가게 하는 방법으로 전류를 만들었는데,

이것이 최초의 발전기였다.

(역학 에너지를 전기로)

오래지 않아 전보처럼 전기를 실생활에 사용하려는 시도가 있었고,

탁 탁 탁

삐 삐 삐

1840년대

전기를 노출해 만들어낸 눈부신 빛의 아크등 역시 바로 그런 시도에서 나왔다.

'달의 탑'

(대부분 실외용으로)

저 불빛 아래 있으니 내 모습이 끔찍하군.

1880년대

아크등은 넓은 공간이나 거리를 비추는 데 최적이었다.

하지만 그 누구도 집 안을 부드럽게 비추는 실용적인 전등을 만들 수 있다고는 생각지 못했다.

1870년대까지 30초 이상 꺼지지 않는 전구를 만들기 위해 노력하는 사람들이 많았는데, 토머스 에디슨도 그중 한 명이었다.

에디슨은 젊은 신예로, 축음기 발명에 성공한 후

'10일마다 소소한 발명을 하는 것'과 '6개월마다 큰 발명을 하는 것'을 목표로 삼았다.

학교를 자퇴하고

귀가 거의 안 들림

미국 최초의 상업 연구소

다른 사람들의 전문지식을 활용하기도 하고, 많은 실험과 실패를 경험하며

그와 그의 팀은 밤을 새워 발명에 몰두했다.

그들은 서로 다른 모양과 재질의 전구를 수천 개나 만들어보았고,

전기가 통할 때 반짝이는 무언가를 찾아 세계 곳곳에서 식물을 주문하기도 했다.

그리고 마침내 탄소섬유를 이용하기로 결정했다.

부드러운 주황색의 불빛을 만들어내다.

하지만 전구는 그저 시작일 뿐이었다.

에디슨은 불을 밝힐 때 필요한 전기를

만들어내고 전달하고 계량하는 데에는 전체 시스템이 필요하다는 것을 깨달았다.

마침내 그와 그의 동료들은 전구 이상의 것을 발명했는데…

에디슨의 회사는
최초의 상업 전력망을
세웠다.

중앙에 발전소 하나를 두고,
그곳으로부터 대각선으로
1.6킬로미터 정도 떨어져 있는
로어 맨해튼 구역에 수천 개의
전구를 달아 불을 밝힌 것이다.

그러고는 전략적으로
〈뉴욕타임스〉와 같은
신문사와 주요 은행들에
서비스를 제공했다.

1882-펄 스트리트 발전소+네트워크

이스트강

로어 맨해튼

한편 그들은
병렬회로를 이용해
도시에 전기를
공급하는 방법을
알아내야만 했다.

에디슨이 고용한
일꾼들은 거리를
약 23킬로미터 파내고
8만 피트의 구리 선을
지하에 매설했는데,

이는 당시
이 새로운 에너지의
안전성에 대한 두려움이
퍼져나갔기 때문이었다.

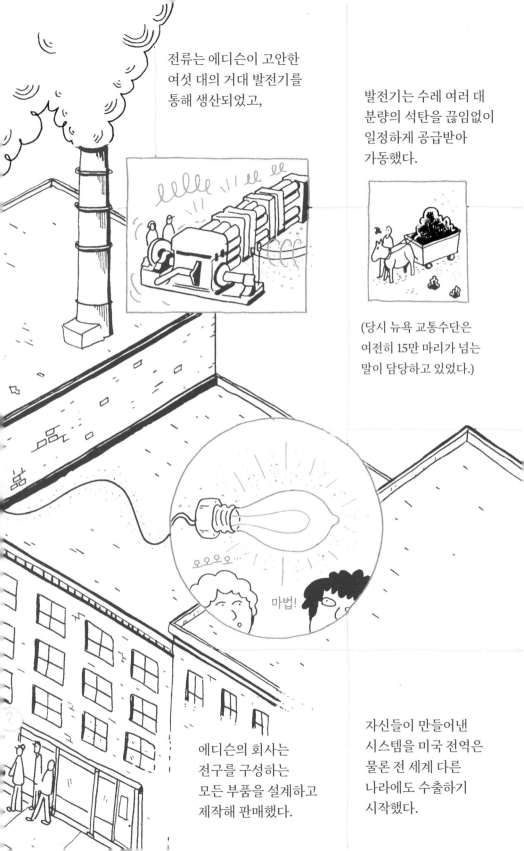

전류는 에디슨이 고안한 여섯 대의 거대 발전기를 통해 생산되었고,

발전기는 수레 여러 대 분량의 석탄을 끊임없이 일정하게 공급받아 가동했다.

(당시 뉴욕 교통수단은 여전히 15만 마리가 넘는 말이 담당하고 있었다.)

ㅇㅇㅇㅇ...

마법!

에디슨의 회사는 전구를 구성하는 모든 부품을 설계하고 제작해 판매했다.

자신들이 만들어낸 시스템을 미국 전역은 물론 전 세계 다른 나라에도 수출하기 시작했다.

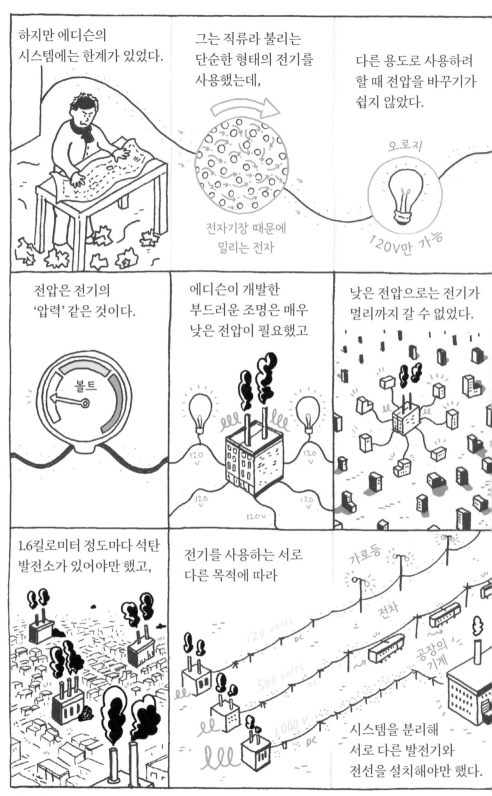

하지만 에디슨의 시스템에는 한계가 있었다.

그는 직류라 불리는 단순한 형태의 전기를 사용했는데,

다른 용도로 사용하려 할 때 전압을 바꾸기가 쉽지 않았다.

전자기장 때문에 밀리는 전자

오로지 120V만 가능

전압은 전기의 '압력' 같은 것이다.

볼트

에디슨이 개발한 부드러운 조명은 매우 낮은 전압이 필요했고

낮은 전압으로는 전기가 멀리까지 갈 수 없었다.

1.6킬로미터 정도마다 석탄 발전소가 있어야만 했고,

전기를 사용하는 서로 다른 목적에 따라

가로등
전차
공장의 기계

120 volts DC
500 volts DC
1,000 V DC

시스템을 분리해 서로 다른 발전기와 전선을 설치해야만 했다.

이 시기 유럽 전역의 과학자들은 너도나도 다른 방법을 찾아내려 했다.

교류(AC, Alternating Current)를 이용해 매초 여러 차례 전자의 방향을 바꿔 전선에 전기를 일으켰는데,

이로 인해 전압을 높이거나 낮추는 일이 훨씬 수월해졌다.

이 과정에서의 핵심은 변압기로,

서로 다른 간격으로 구불구불 말린 일련의 구리 선을 이용해 전류를 이동시켰는데,

전류가 서로 다른 선을 지나는 동안 교류의 전압이 바뀌었다.

모두 다른 크기로

큰 변압기

가전제품 변압기

교류 시스템을 이용하면

고전압 전기는 훨씬 더 멀리까지 이동할 수 있으며,

하나의 원천에서 나온 전기라도 변압기를 거쳐 전압이 변하면 무엇에든 딱 맞는 전력을 공급할 수 있었다.

높은 전압

먼 거리

낮은 전압

짧은 거리

낮은 전압

과학적 상상력이 뛰어나고 명석한 세르비아 이민자 니콜라 테슬라는

매우 잘 차려입은

독특한 발음의 인물

교류(AC)에 세상을 뒤바꿀 엄청난 잠재력이 있다는 것을 알아챘고

AC

다루기 까다로운 진동 전기를 사용해 회전하는 모터를 만들어냈다.

전기 에너지

자석

역학 에너지

발명가이자 사업가였던 조지 웨스팅하우스 역시

교류의 가능성을 발견하고는

테슬라와 협력해 이를 시장에 내놓았다.

이 일의 대부분을 담당한 노동자들에게 감사의 인사를.

에디슨은 다른 사람들이 더 나은 시스템을 개발하는 것을 인정할 수 없었다.

그는 교류에 반대하는 비방 운동을 벌였고, 그 교류의 위험성을 보여주기 위해 실제 동물을 죽이면서까지 비방했다.

! 음 뭐야

에디슨은 또한 최초의 사형집행 전기의자 개발을 도와 교류를 죽음과 연관시키려 했다.

웨스팅하우스의 교류를 써야 합니다.

두 시스템의 후원자들은 너도나도 각 시스템을 과시하려 했고 산업의 특성을 드러낼 만한 프로젝트를 이용해 서로 경쟁했다.

오오! 아아 오오오

1983년에는 시카고 만국박람회에 전등을 제공하고

20만 개 이상의 불빛

2,700만 명 이상의 방문객

나이아가라 폭포의 에너지를 이용한 발전기를 건설했다.

부르릉

이로써 교류가 다용도로 사용될 수 있다는 사실이 증명되었고, 오늘날 우리는 대부분 교류를 사용하고 있다.

3000v AC

240v AC

에디슨의 회사는 그의 주도하에 투자자들에게 매각되어 새로운 이름이 붙었다.

이 회사를 '제너럴 일렉트릭'이라 부를 것입니다.

J.P 모건

음, 그건 좀 이상한데요.

에디슨은 새롭게 성장하는 산업을 독점하려 하는 등 계속해서 새로운 시도를 했다.

조명… 카메라…

테슬라는 그가 가장 사랑하는 발명으로 다시 돌아갔다.

그는 꿈에 그리던 세계적인 무선 전기 정보 네트워크를 구축하기 위해 노력했다.

절대 끝나지 않음

하지만 1900년대 초반의 분위기에서 이는 투자를 받을 수 있는 개념이 아니었다.

# 2. 망의 구축 : 전송

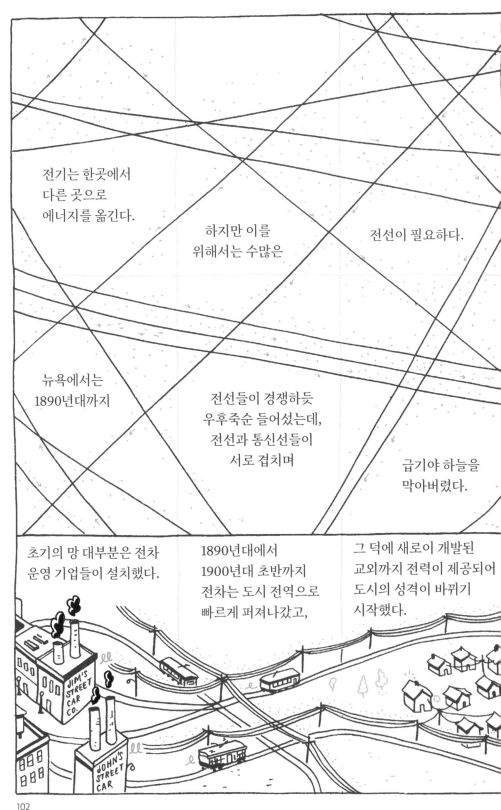

전기는 한곳에서 다른 곳으로 에너지를 옮긴다.

하지만 이를 위해서는 수많은

전선이 필요하다.

뉴욕에서는 1890년대까지

전선들이 경쟁하듯 우후죽순 들어섰는데, 전선과 통신선들이 서로 겹치며

급기야 하늘을 막아버렸다.

초기의 망 대부분은 전차 운영 기업들이 설치했다.

1890년대에서 1900년대 초반까지 전차는 도시 전역으로 빠르게 퍼져나갔고,

그 덕에 새로이 개발된 교외까지 전력이 제공되어 도시의 성격이 바뀌기 시작했다.

JIM'S STREET CAR CO.

JOHN'S STREET CAR

전기와 그 사용에 관해
관심이 커지기는 했지만,
이는 여전히 틈새 기술에
불과했다.

펄 스트리트와 같은
'중앙 발전소'를 제외하고

대부분의 전기는
사용하는 곳에서 직접
생산했다.

한편 많은 나라에서
전기는 정부가 공급하는
공공재화로서 새롭게
떠오르고 있었다.

미국에서 전기는 개인이나
기업들이 개발하는
생필품이었는데,

자기 집을 밝힐 정도의
작은 전력 발전소를
세울 수 있었던 부자들
역시 이에 가세했다.

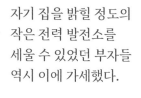

20세기의 전환기에도
전기는 여전히 신비롭고
초현대적인 힘이었다.

이는 증기나 가스와
비교했을 때도
진일보한 것으로,
매우 현대적이었다.

하지만 여전히 일반 대중이
사용할 수 있을 만큼
충분히 개발되지는 못했다.

전기의 상업적인 가능성을 간파한 사람은 새뮤얼 인설이었다.

에디슨 기업의 시카고 지점처럼 작은 데서부터 일을 시작한 그는 새로운 생각을 하게 되었다.

더 많은 고객에게 전기를 판매하면 할수록 더 싸게 공급할 수 있겠다는 생각이었다.

'규모의 경제' 개념을 에너지에 적용한 것이다.

인설은 거대한 발전기를 건설했고,

전기를 더 싸게 판매했으며,

이제 스스로 전기를 생산 하지 말고 자신의 전력을 구매하라며 사람들을 설득했다.

하루에도 서로 다른 시간대의 전력이 필요했던 다양한 고객 수요에 대응하기 위해 그는 24시간 발전소를 가동했다.

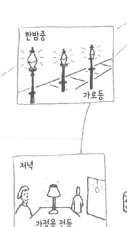

한밤중
가로등

퇴근 시간
전차

저녁
가정용 전등

낮
공장

인설은 경쟁사의 발전기를 매수하고

전기 생산을 공공사업이라 부르며, 일종의 독점권을 법적으로 보장받기 위해 로비 활동을 펼쳤다.

마침내 인설은 정부가 정한 요금을 받는 대가로, 해당 지역에서 다른 기업과 경쟁하지 않아도 된다는 것을 보장받았다.

1900년대 초반은 투쟁의 시기였다. 노동권 보장은 물론 기본 서비스 운영을 정부에서 하느냐 영리 기업에서 하느냐가 투쟁의 중요한 사안이었다.

민간 전기 사업자들은 지방 의회와 싸우는 한편, 주 정부를 상대로 자신들의 영역을 보장해달라고 로비 활동을 벌였다.

전기 시장에 대한 완전한 통제권을 갖기를 원했던 것이다.

월스트리트는 이러한 전력회사들을 사들여 일련의 지주회사를 정교하게 만들어내고 네트워크를 표준화했다.

전력회사를 통해 얻은 이런 이득은 그 시대의 가장 부유한 사업가들에게 흘러 들어갔다.

이전에는 수천 명의 독립 기업가들이 전기산업을 운영했으나

1920년대 말에는 10개의 기업이 국가 총 전기산업의 75%를 좌지우지하게 되었다.

1927년 500만 달러였던 인설의 재산은 1929년 1억 5,000만 달러로 급증했다.

하지만 그해 주식시장이 폭락하고, 전기 관련 주도 그 안에 포함돼 있던 터라 그의 지주회사 제국은 무너지고 말았다.

대공황을 초래했다는 비난까지 이어지면서 인설은 유럽으로 도주했는데

결국 체포되어 미국으로 송환돼 재판에 넘겨졌다.

그와 동시에

1930년대 말까지도 대다수의 미국 농촌에서는 여전히 전기를 사용하지 못했다.

이들에게까지 전력을 제공하기에는 비용이 너무 많이 든다는 개인 전기 사업자들의 주장 때문이다.

석유 램프를 태우는 중 ←

1900년대 초기의 농촌과 도시의 생활 모습은 극명하게 달랐다.

전기가 없는 농장 생활은 냉혹했고,

대공황 이후의 빈곤은 상황을 더욱 심각하게 만들었다.

빨래 빨래
빨래
청소
청소

프랭클린 D. 루스벨트 행정부는 뉴딜 정책을 통해 지주회사를 해체하기에 이르렀고

이전에 누구도 시도한 바 없는 공공 전력 프로젝트에 착수했다.

그렇게 전기는 공공재이자 노동의 근원으로 여겨지게 되었다.

전기 에너지를 일으키기 위한 매우 커다란 터빈 (원동기) →

사치재가 아닙니다. 필수재 입니다.

전기는 더 이상

루스벨트

정밀주의 예술가인 찰스 실러의 작품. ↓

농촌 전력화 법률로 마을마다 저리 대출로 지역 자체적으로 비영리 협동조합을 세울 수 있었고,

노동자들은 농촌 전역에 전선을 달기 시작했다.

1930년대에는 전체 농장의 10%에만 전기가 놓여 있었지만,

1950년까지 거의 100%의 농장에 전기가 놓였고, 당시 세워진 협동조합은 지금도 존재한다.

하지만 이런 네트워크도 처음에는 각각 서로 분리되어 존재했다.

1939년
2차 세계대전이
발발했을 때

미국은 수백만 톤의 무기와
전쟁물자를 신속하게
생산해야만 했다.

하지만 전기는
바닥이 나기 직전이었다.

전쟁 산업은
이전보다 훨씬 많은
전력을 필요로 했기
때문이었다.

거대 함정
8,800대

음식+보급품

비행기
29만 7,000대

탱크
8만 6,000대

정부는 몇 해 걸려
새로운 발전기를
건설하는 대신

기존 전력회사들끼리
서로 네트워크를
연결하도록 요청했다.

이로써 발전소들은

전력 생산능력을
최대치로 끌어올릴 수
있었으며

망의 모든 전선에
전기를 공급하여
더 넓은 지역의 수요를
충족시킬 수 있었다.

분리되고 떨어져 있던
네트워크들이
상호 연결되면서

하나의 시스템으로
통합되었고

세계 전쟁을 위한
거대 산업에 전력을
공급할 수 있었다.

전후 1950년대를 거치며 기업들은 넘쳐나는
부를 얻게 되었고, 이 부를 활용해 중산층을
겨냥한 전자 제품을 판매하기 시작했다.

전력회사들과 제너럴 일렉트릭 같은 기업들은
전기를 많이 쓸 다양한 제품들을 판매하기 시작했고,

판매원을 여러 가구에 보내 전기의 도움으로
가사를 처리하는 방법을 가르쳐주도록 했다.

1960년대까지 대개의 가정은 미국 경제와 문화의
상징과도 같은 다양한 전자 제품들을
구비하고 있었다.

가정과 공장에 전력을 공급하던 전력망은 처음부터 계획적으로 놓인 것이 아니었다.
기업들과 정부가 상황에 따라 하나씩 하나씩 만들어간 것이었다.

처음으로 전력을 공급받았던 도시처럼 전기가 충분한 곳에서 부족한 곳으로
보내기 위해 시외에 전력선이 놓였다.

뉴딜 기간에는
농촌 지역에 전기가 놓였다.

이는 국가의 대부분 지역이 전선으로 연결될 때까지 계속되었고,
무형의 진동하는 이 에너지는 그 안에서 전력을 공급했다.

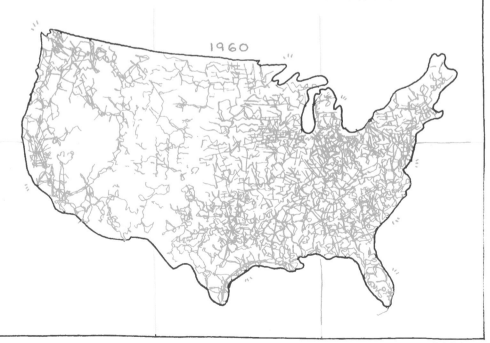

오늘날 미국과 캐나다는
두 개의 주요 통신망을
서로 공유하는데,
동부와 서부가 따로
연결되어 있다.

그보다 작은 단위로는
텍사스, 퀘벡, 알래스카,
푸에르토리코 연결망이 있고,

각각은 독립적으로
운영되다가 이따금
에너지를 서로 이동시킨다

서부 상호 연결

알래스카

하와이

텍사스 라인
상호 연결

연방 정부가 주의 경계
밖으로 전기를 전송하지
못하도록 규제하던
당시에는

건물과 시설의
전기 전송은 대체로
주 단위로 관리되었다.

이로 인해 별개의 여러 망이
짜깁기된 망의 특성은
더욱 강화되었고

통합된 국가 정책을
만드는 데에도
어려움이 있었다.

이러한 각각의 망으로
전기가 구석구석
자유롭게 흐른다.

이러한 과정에서
망 기술자들은 토론토에서
마이애미까지 1초에
60번씩 교류의 방향을

일제히 바꾸는 식으로
각각의 발전소와
송신라인의 전기를
완벽하게 동기화시켜야 했다.

동부 상호 연결

퀘벡 라인
상호 연결

동기화
@
60
Hz

푸에르토리코

66개의 서로 다른 지역
조직들은 자기 지역에
속하는 망을 감시하고
운영하여

전기가 해당 지역에서
안정적으로 전송되고

여러 발전소에서
충분히 발전될 수
있도록 하였다.

# 3. 망에 전력을 공급하다 :
## 전력 생산과 연료

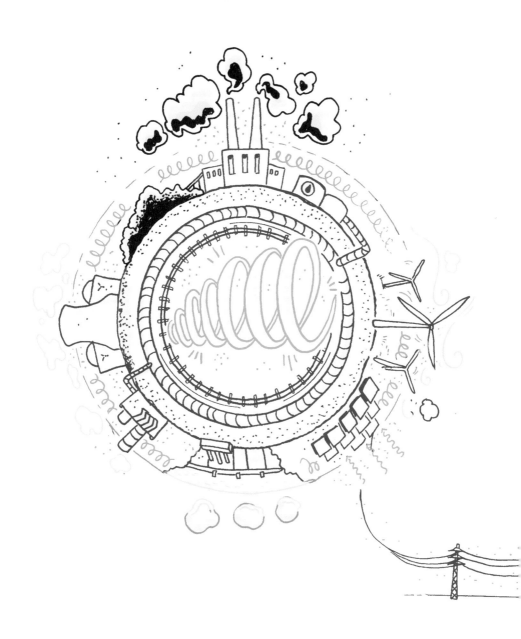

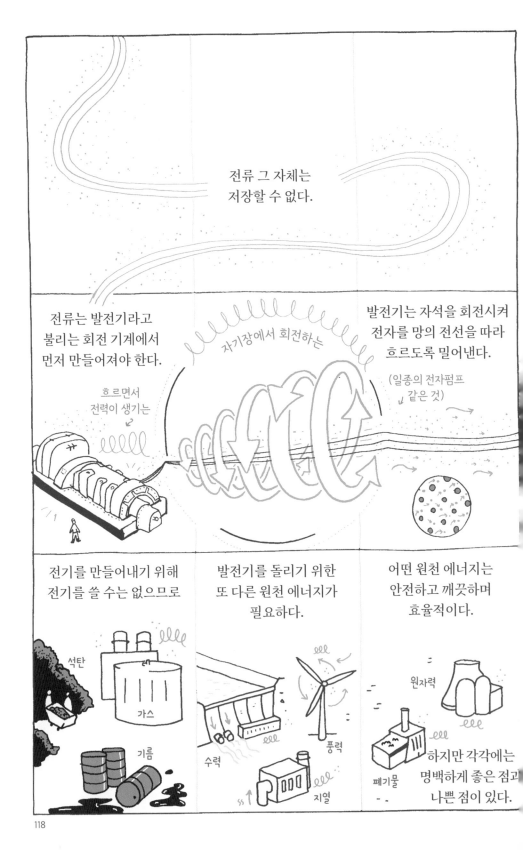

전류 그 자체는
저장할 수 없다.

전류는 발전기라고
불리는 회전 기계에서
먼저 만들어져야 한다.

자기장에서 회전하는

발전기는 자석을 회전시켜
전자를 망의 전선을 따라
흐르도록 밀어낸다.

(일종의 전자펌프
같은 것)

흐르면서
전력이 생기는

전기를 만들어내기 위해
전기를 쓸 수는 없으므로

석탄

가스

기름

발전기를 돌리기 위한
또 다른 원천 에너지가
필요하다.

수력

풍력

지열

어떤 원천 에너지는
안전하고 깨끗하며
효율적이다.

원자력

폐기물

하지만 각각에는
명백하게 좋은 점과
나쁜 점이 있다.

초기 전기 기구는 주로
배터리로 작동되었는데,

화학적으로
에너지를 저장함

서로 다른 물질이
혼합되면서 생기는
화학작용을 통해 전류를
만들어내는 원리였다.

구리
전기
아연

하지만 전력이 많이
필요할 때는 엄청난 양의
배터리가 필요했다.

흠,
이상적이지
않아.

펄 스트리트 발전소에서
에디슨은 여섯 개의
거대 발전기를 사용해
수천 개의 전구에
전류를 제공했다.

이 발전기들을
회전시키기 위해
보일러와 증기 엔진을
사용해야 했고,

전류

회전

회전

회전

회전

회전

수천 파운드의 석탄을
24시간 태워
전력을 얻었다.

증기

열

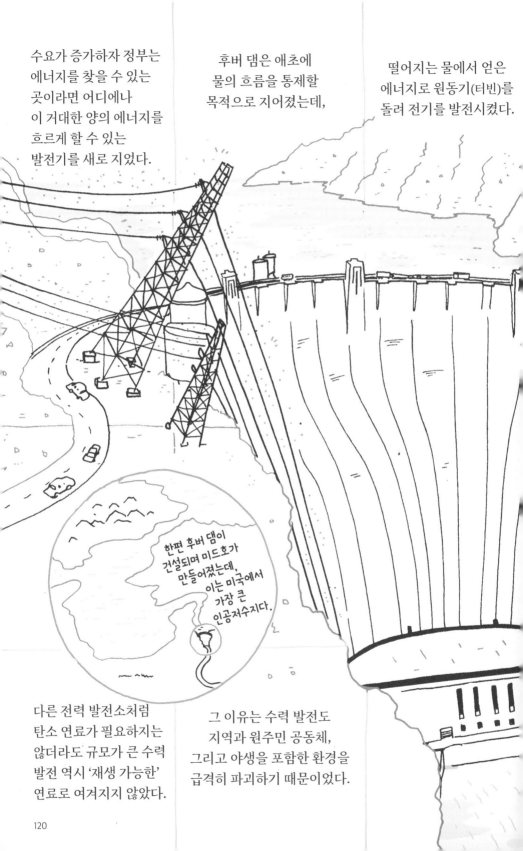

수요가 증가하자 정부는
에너지를 찾을 수 있는
곳이라면 어디에나
이 거대한 양의 에너지를
흐르게 할 수 있는
발전기를 새로 지었다.

후버 댐은 애초에
물의 흐름을 통제할
목적으로 지어졌는데,

떨어지는 물에서 얻은
에너지로 원동기(터빈)를
돌려 전기를 발전시켰다.

한편 후버 댐이
건설되며 미드호가
만들어졌는데,
이는 미국에서
가장 큰
인공저수지다.

다른 전력 발전소처럼
탄소 연료가 필요하지는
않더라도 규모가 큰 수력
발전 역시 '재생 가능한'
연료로 여겨지지 않았다.

그 이유는 수력 발전도
지역과 원주민 공동체,
그리고 야생을 포함한 환경을
급격히 파괴하기 때문이었다.

120

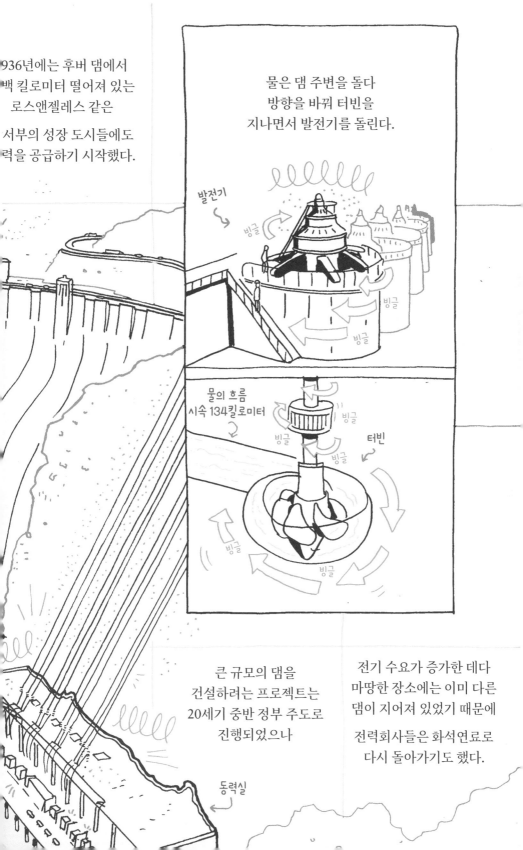

936년에는 후버 댐에서
백 킬로미터 떨어져 있는
로스앤젤레스 같은

서부의 성장 도시들에도
력을 공급하기 시작했다.

물은 댐 주변을 돌다
방향을 바꿔 터빈을
지나면서 발전기를 돌린다.

발전기

빙글

빙글

빙글

물의 흐름
시속 134킬로미터

빙글

터빈

빙글

빙글

빙글

큰 규모의 댐을
건설하려는 프로젝트는
20세기 중반 정부 주도로
진행되었으나

동력실

전기 수요가 증가한 데다
마땅한 장소에는 이미 다른
댐이 지어져 있었기 때문에

전력회사들은 화석연료로
다시 돌아가기도 했다.

석탄, 기름, 천연가스 같은 화석연료는

광합성을 통해 탄소를 만든다.

사실 고대의 죽은 식물과 생명체들이 땅속에 묻혀 오랜 시간 압력을 받은 것으로,

눌러 으깸

여전히 태양 에너지를 함유하고 있다.

눌러 으깸

석탄이 잘 타기 때문에 사람들은 수천 년 동안이나 그것을 캐왔다.

쨍그랑

또한 지구에서 가장 풍부한 화석연료여서 전력을 얻기 쉽고 값도 쌌다.

오늘날 기업들과 각국 정부는 거대한 규모로 석탄을 추출하고 있다.

석탄은 보통 기차로 운반되고

석탄 기차

전력용 석탄

바깥에 저장하며 필요한 열을 만들기 위해 태운다.

증기를 내기 위한 물

그 열로 증기 터빈과 발전기를 돌려 전류를 생산한다.

열을 얻기 위해 태운다.

증기를 만들어낸다.

터빈+발전기 돌린다

거대 전력 발전소들은 나라 곳곳에서 석탄을 태울 수 있도록 건설됐다.

1960년대, 거대 광산과 발전소들이 원주민 보호구역인 남서부 나바호 자치국에 지어졌고,

거기서 얻은 무한의 석탄 에너지로 만든 전기가 전력선을 통해 성장 도시들에 공급되었다.

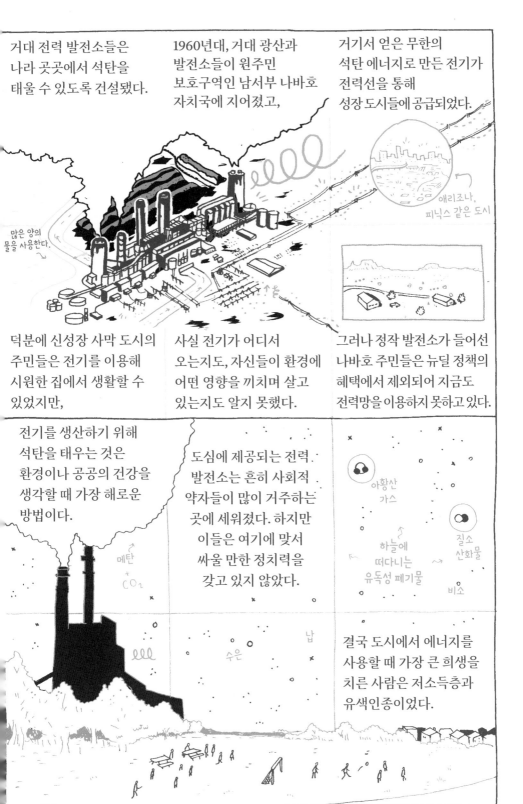

많은 양의 물을 사용한다.

애리조나, 피닉스 같은 도시

덕분에 신성장 사막 도시의 주민들은 전기를 이용해 시원한 집에서 생활할 수 있었지만,

사실 전기가 어디서 오는지도, 자신들이 환경에 어떤 영향을 끼치며 살고 있는지도 알지 못했다.

그러나 정작 발전소가 들어선 나바호 주민들은 뉴딜 정책의 혜택에서 제외되어 지금도 전력망을 이용하지 못하고 있다.

전기를 생산하기 위해 석탄을 태우는 것은 환경이나 공공의 건강을 생각할 때 가장 해로운 방법이다.

도심에 제공되는 전력. 발전소는 흔히 사회적 약자들이 많이 거주하는 곳에 세워졌다. 하지만 이들은 여기에 맞서 싸울 만한 정치력을 갖고 있지 않았다.

아황산 가스

하늘에 떠다니는 유독성 폐기물

질소 산화물

비소

메탄 + CO₂

납

수은

결국 도시에서 에너지를 사용할 때 가장 큰 희생을 치른 사람은 저소득층과 유색인종이었다.

원자력 발전소는 대부분 1960년대와 1970년대에 지어졌다.

다량의 전기를 생산해내는 가장 깨끗한 방법이지만 우라늄을 채굴할 땐 엄청난 양의 독성 물질이 나온다.

게다가 원자력 에너지는 원자폭탄이나 그로 인한 재난과도 밀접한 관련이 있었다.

참고로 발전소는 절대 이런 식으로 폭발하지 않는다.

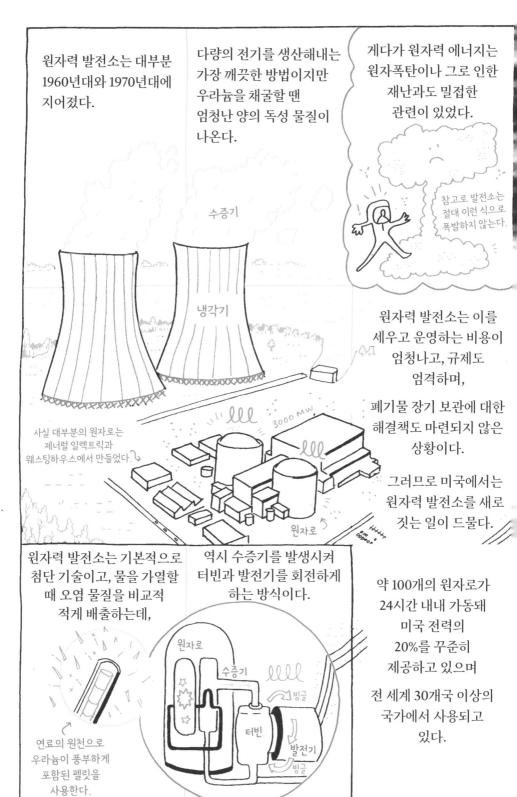

수증기

냉각기

사실 대부분의 원자로는 제너럴 일렉트릭과 웨스팅하우스에서 만들었다.

3000 MW

원자로

원자력 발전소는 이를 세우고 운영하는 비용이 엄청나고, 규제도 엄격하며,

폐기물 장기 보관에 대한 해결책도 마련되지 않은 상황이다.

그러므로 미국에서는 원자력 발전소를 새로 짓는 일이 드물다.

원자력 발전소는 기본적으로 첨단 기술이고, 물을 가열할 때 오염 물질을 비교적 적게 배출하는데,

역시 수증기를 발생시켜 터빈과 발전기를 회전하게 하는 방식이다.

원자로

수증기

빙글

터빈

발전기

빙글

연료의 원천으로 우라늄이 풍부하게 포함된 펠릿을 사용한다.

약 100개의 원자로가 24시간 내내 가동돼 미국 전력의 20%를 꾸준히 제공하고 있으며

전 세계 30개국 이상의 국가에서 사용되고 있다.

천연가스를 태우는 것은 최근 들어 전기를 생산하는 가장 보편적인 방법이 되었다.

화석으로 얻은 이 가스는 풍부하게 매장돼 있기도 하고 석탄을 태우는 데 비해 이산화탄소를 적게 배출한다.

하지만 눈에 보이지 않는 메탄을 어마어마하게 방출한다. 이 메탄이 바로 지구온난화의 주범이다.

대체로 메탄만

천연가스는 보통 파이프라인을 타고 이동한다.

가스 발전소는 내연기관을 사용하는데, 이는 기본적으로 자동차 엔진의 거대 버전이다.

빙글

빙글

혼합 사이클

빙글
빙글

증기

빙글

자동차 바퀴 대신 발전기를 돌린다.

내연기관 외에 가스 터빈을 사용하거나

전기를 빠르게 생산하는 방법들을 조합해 사용한다.

수압 파쇄법은 천연가스를 추출하기 위해 흔히 사용되는 공정인데,

이 과정에서 수백만 갤런의 화학수가 지하로 스며들어

메탄

가스가 저장된 암반층에 생긴 균열

그 지역의 대수층 (지하수가 있는 지층)을 오염시킬 수 있다.

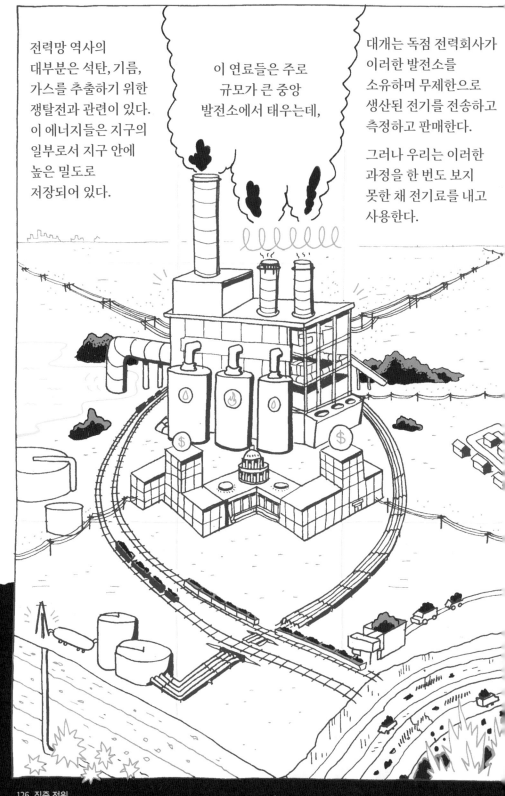

전력망 역사의
대부분은 석탄, 기름,
가스를 추출하기 위한
쟁탈전과 관련이 있다.
이 에너지들은 지구의
일부로서 지구 안에
높은 밀도로
저장되어 있다.

이 연료들은 주로
규모가 큰 중앙
발전소에서 태우는데,

대개는 독점 전력회사가
이러한 발전소를
소유하며 무제한으로
생산된 전기를 전송하고
측정하고 판매한다.

그러나 우리는 이러한
과정을 한 번도 보지
못한 채 전기료를 내고
사용한다.

전력회사들은 전기 발전량을 가장 최대치로 끌어올릴 수 있도록 여러 발전소를 결합해 짓는다.

할 수 있는 한 분주하게 운영되고,

수요에 따라 전기의 생산량을 적절히 높이거나 낮추어 조절한다.

규모가 큰 석탄 발전소

3,000 MW

(매우 높음)

**'정격 용량'**

킬로와트(KW)나 메가와트(MW)로 측정된다.

1,000 KW = 1 MW

원자력

90 %

(보통 가동됨)

**'이용률'**

가능한 생산량 대비 실제 생산된 에너지의 양

**'임시발전소'**

가스 연소량을 빠르게 조절할 수 있다.

**'램프 타임'**

최대 연소량에 도달할 때까지 걸리는 시간

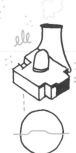

**'최저 소요 발전소'**

발전 속도가 느리지만 항상 전력을 제공한다.

하지만 2000년대 초반에 들어와

정책이 바뀌고 새로운 기술이 계속 생겨나면서

다른 구조의 전력망이 필요하게 되었다.

이제 누구나 망을 구축하기만 하면 어디에서든 전기를 만들 수 있다.

규모가 큰 농장에서는 풍력 터빈을 놓아

개인이 쓸 전력을 만들 수 있다.

1 KW

움직이는 공기 속의 에너지

터빈

1-3 MW

풍력 터빈은 특정 장소에만 세울 수 있고

설치하기도 어렵다.

운반하기도,

하지만 끊임없이 바람이 부는 곳에서라면

어마어마한 양의 전기를 생산할 수 있다.

움직이는 공기로부터 에너지를 얻기 때문이다.

설비 이용률 40-50% (해안)

영국, 혼시 해상풍력발전단지 1,200 MW

태양 전지판은
태양으로부터 얻는
에너지로 발전기를 돌리지
않고도 직접 전류를 생산할
수 있는 유일한 방법이다.

각 전지판은 소량의 전류를
만들어낸다.

풍력처럼 태양열 발전
역시 '안정적이지 않다.'

얼마나 생산될지
예측이 어려우므로

에너지의 다른 원천인
가스를 대비해두고
사용한다.

태양열은 전기를
선으로 연결하기
어려운 곳에서 처음
사용되었다.

우주에서

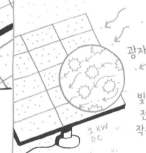

광자

빛 입자가 실리콘의
전자 속으로 들어가
작은 전류를 만든다.

1 KW
DC

그러다 최근 들어
어디에서나 광범위하게
사용되기 시작했다.

바다에서

가정에서 사용하는 태양열은
주로 전력망으로 직접
전달되는데,

아주 작고 깔끔한 전력
발전소를 집 밖이나 들판에
골고루 세울 수 있지만…

오로지 태양이 떠오를 때만
에너지를 얻을 수 있다.

전력망에 안정적으로
전력을 공급하기 위해
다양한 에너지원들을
조합해 사용하지만,

어떤 것을 사용하느냐는
현재 어떤 에너지원이
조달 가능한지와
전력회사의 선호도에
따라 다르다.

미 북서부에서는
수력에너지가 많으나

천연가스도
태우긴 한다.

캘리포니아에서는
대체로 천연가스를
사용하고

배터리에
전력을 저장해놓기 위해
태양열과 풍력을
추가로 사용한다.

풍력 에너지는
아이오와와 캔자스
같은 평야 지대 곳곳에
풍부하게 존재한다.

대서양 지역에는
원자력 발전소가
많이 세워져 있고

석탄을
태우기도 하는데,

서부 버지니아
대부분에서는 이것들을
조합해 사용하고 있다.

딸깍

개년 전력회사들은
석탄에 대한 의존도를
점차 낮추고 재생 가능한
저공해 원천의 에너지를
생산해 망에 공급한다.

하지만 전기를 생산하는
모든 방법은 사람과
환경에 어떤 식으로든
좋지 않은 영향을
끼칠 것이다.

사실 우리는 에너지가
생산될 때 일어나는 효과를
모두 알지 못하기 때문에

사용량을 줄이는 데
관심을 기울이는 것이
무엇보다 중요하다.

# 4. 전력망 균형 :
## 분배와 수요

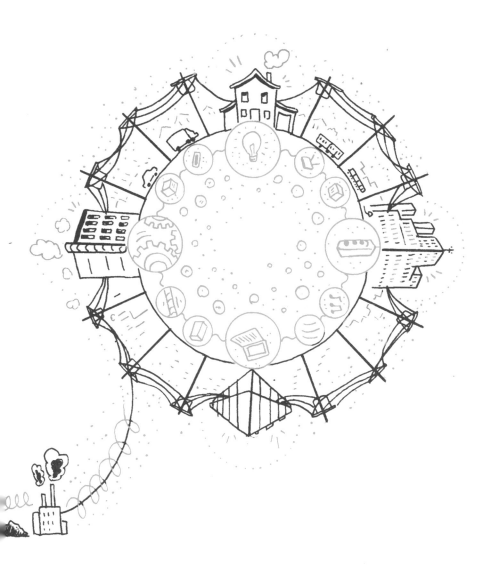

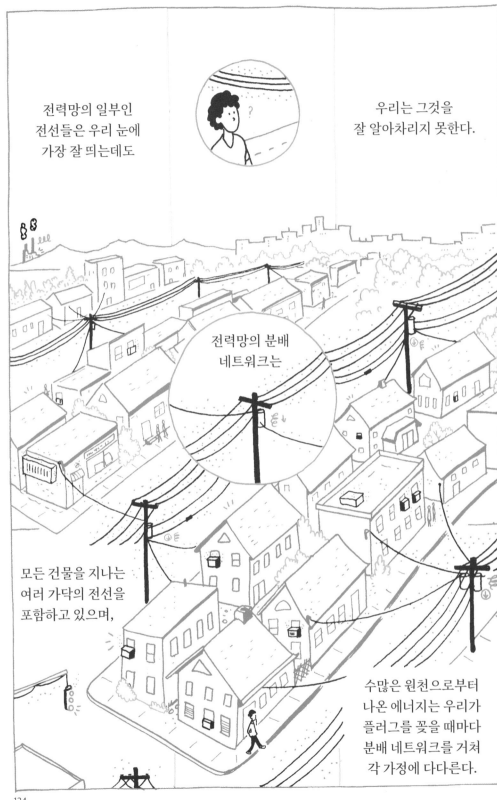

전력망의 일부인
전선들은 우리 눈에
가장 잘 띄는데도

우리는 그것을
잘 알아차리지 못한다.

전력망의 분배
네트워크는

모든 건물을 지나는
여러 가닥의 전선을
포함하고 있으며,

수많은 원천으로부터
나온 에너지는 우리가
플러그를 꽂을 때마다
분배 네트워크를 거쳐
각 가정에 다다른다.

농촌 지역에서나 교외에서 전기는 보통 전신주가 받쳐주고 있다.

장거리용 주요 고전압 전선

전압이 높을수록 전열체의 크기도 크다.

고전압

가정집 용도에 맞도록 저전압으로 변압

저전압

케이블이 서로 이어지는 부분

아날로그 메시지 게시판

아주 곧게 자란 나무로 만들어진 전신주

가장 낮게 위치한 전선은 전화나 데이터용이다.

도시에서 전선은 대체로 지하에 있다.

이것만큼은 토머스 에디슨이 옳았어.

펄 스트리트 발전소 네트워크 이후로 뉴욕은 큰 발전을 이루었다.

도시에는 25만 개의 맨홀과 약 13만 킬로미터 이상의 케이블이 존재하는데,

이를 통해 언제든 평균 8,000MW의 전기를 제공하고, 여름에는 그보다 더 많은 양을 제공한다.

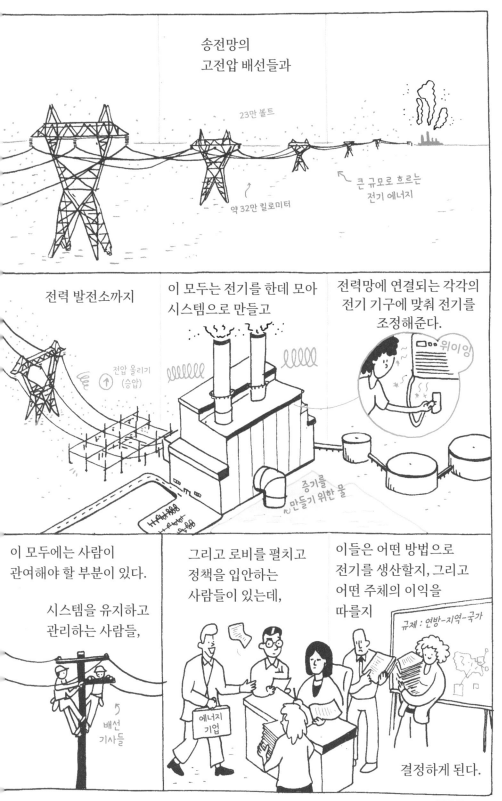

송전망의
고전압 배선들과

23만 볼트

약 32만 킬로미터

큰 규모로 흐르는
전기 에너지

전력 발전소까지

전압 올리기
(승압)

이 모두는 전기를 한데 모아
시스템으로 만들고

증기를
만들기 위한 물

전력망에 연결되는 각각의
전기 기구에 맞춰 전기를
조정해준다.

위이잉

이 모두에는 사람이
관여해야 할 부분이 있다.

시스템을 유지하고
관리하는 사람들,

배선
기사들

그리고 로비를 펼치고
정책을 입안하는
사람들이 있는데,

에너지
기업

이들은 어떤 방법으로
전기를 생산할지, 그리고
어떤 주체의 이익을
따를지

규제 : 연방-지역-국가

결정하게 된다.

매일 매 순간

그 순간 실제 사용되는
양과 완벽하게
맞아떨어지도록
조정한다.

나라 곳곳의
운영 센터 안에서

사람들은 여러 발전소를
잘 조율해 상당한 양의
전력을 생산하고

위잉

이러한 집단을
균형 전문가라
부른다.

이들은 한 지역에 전기를
제공하는 하나의 전력
기업일 수도 있고

전기를 사고팔기 위해
영리 시장을 운영하는
지역 조직일 수도 있다.

그들은 모든 지역을
가로질러

각 가정, 기업,
공장에 있는 모든
전자기기에
적합하도록

실시간으로
조정한다.

각각의 영역은 촘촘하게
짜인 주, 국가, 국제적인
규제에 따라 서로
구별돼 세워지고 서로
다른 규제를 받지만,

이러한 조직들은
모두 똑같은
기본 권한을 갖고 있다.

그것은 바로 수요에
맞춰 에너지 공급량을
조절하고 전력망의
균형을 유지하는 것이다.

사람들의 전기 사용량은 주로 날씨와 깊은 연관이 있지만, 대개 다음과 같은 기본 사이클을 따른다.

사람들이 일어나면 증가하고,

커피

전등

낮 동안에는 그 상태로 유지되다가,

사무실 업무

공장 가동

모두가 집에 들어온 저녁 무렵 최고점을 찍고,

가전 기구들

TV

사람들이 잠자리에 들면 다시 떨어진다.

전력망에서 수요와 공급의 균형을 맞추기 위해

+/-

전력회사들은 보통 석탄, 원자력, 가스로 가동할 수 있는 시스템을 구축한다.

필요에 따라 이를 적절히 조율해 운영할 수 있기 때문이다.

어느 계절에나, 어느 시간대나 말이다.

재생 에너지에만 전적으로 의존하기는 좀 어렵다.

가뭄

언제 해가 나고 언제 바람이 불지 정확히 예측하기 어렵고,

팩 팩

전력을 전혀 만들지 못할 때도 종종 있기 때문이다.

변수가 많음.

거대 배터리에 에너지를 화학적으로 저장해두고

가장 필요할 때 전력망 내에 배치할 수는 있다.

붕붕 붕붕 붕붕

하지만 배터리를 사용하려면 그만큼 환경 비용이 뒤따라오는 데다

코발트

니켈

리튬

아무리 큰 배터리라도 대부분의 전력 발전소를 대체하기에는 여전히 충분하지 않다.

한편 에너지를 저장해 '배터리'를 만들어내는 데에는 기발한 방법들이 많이 사용된다.

전력에 여유가 있을 때 물을 위로 끌어올린 다음

전력을 사용해 펌프질한다.

상류 저수지

양수 저장

하류 저수지

수요가 정점을 찍을 때 이를 방출해 발전기를 돌리는 방법이 있다.

아니면 사람들의 집과 전기 자동차 내부에 비교적 작은 배터리를 여러 개 연결하는 방법도 있다.

배터리를 사용해 전기를 저장하거나 전력망 전체에 전기를 안정적으로 공급하는 방식으로, 가상의 전력 발전소를 만들 수도 있다.

평상시에는 휴면 상태인 전력망의 일부를 필요할 때 최대치로 끌어올려 사용하면 가능한 일이다.

전력망을 인터넷 등의 다른 시스템과 결합하면 에너지 사용을 줄이거나

이미 발전된 전기를 저장할 수도 있다.

기기들을 연결하여 전력망에 여유 전력이 있을 때만 가동되도록 할 수 있고,

으쌰 으쌰 으쌰

스마트 세탁기

전력회사가 임의로 전력을 끄게 할 수도 있는데,

이는 특히 뜨거운 여름날에 종종 발생하듯 전력망이 과부하 되었을 때 유용하다.

부르르르 ⊗

OFF

하지만 다음과 같은 의문이 제기된다.

이러한 결정을 누가 내리는가?

사람들이 기꺼이 포기할 수 있을 정도의 에너지 제한량은 얼마나 될까?

데이터 센터들은 어마어마한 양의 전력을 사용한다.

이런 관점에서 보면 전력회사들 역시 사이버 공격에 대응하고 해커들에 대항해 전력망을 보호해야 할 필요가 있다.

사이버 공격자나 해커 들은 전력 발전을 멈추게 하거나

변압기

전력망을 맘대로 이용하거나 전력 장비의 주요 부품을 태움으로써 정전을 일으킨다.

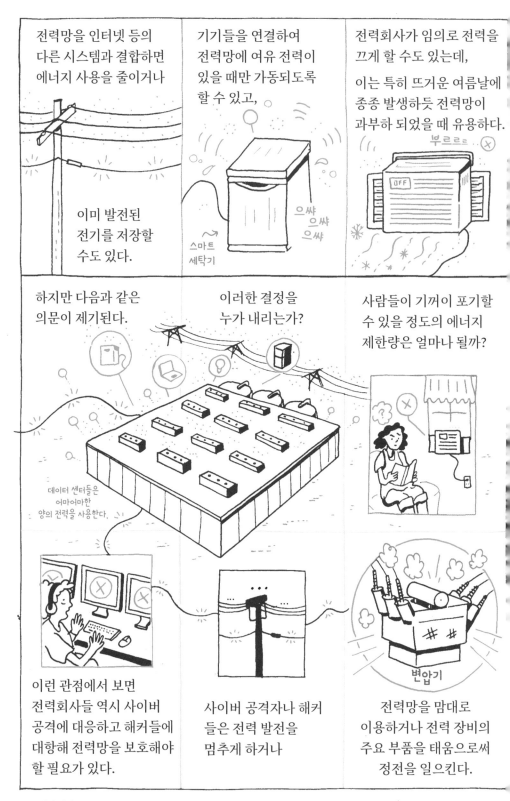

어떤 영역에서는 미세 전력망이 사용된다.

이는 특정 공동체나 캠퍼스에 전력을 제공할 수 있는 작은 형태의 전력망으로,

개인의 집에서도 사용할 수 있다.

필요에 따라 규모가 큰 전력망에 미세망을 연결·분리하는 방식으로 가능하다.

미세 전력망은 큰 규모의 안정적인 전력망을 사용할 수 없는 곳에서는 매우 중요하다.

하지만 그렇다고 해서 공공 전력망을 포기할 수는 없다.

소수만이 전기를 얻을 수 있었던 시대로 굳이 되돌아갈 필요는 없기 때문이다.

19세기 저택

개인 전력

또한 전력망 전반에 대해 다시 생각해보고 재건할 기회를 놓치는 불필요한 모험을 할 필요가 없기 때문이다.

분산된 시스템을 하나로 통합하거나 지역의 재생 에너지 의존을 높이는 방법을 대안으로 생각해볼 수 있다.

그렇게 하면 이 땅에 있는 누구든

배터리

깨끗하고 풍부한 에너지를 언제든지 사용할 수 있을 것이다.

# 5. 마치며

전력망은 과학자들이 신비한
에너지를 지닌 기계를 우연히
만지는 아주 작은 것에서
시작되었다.

이러한 기계는
기업, 정부, 공동체의
손을 거쳐 지역의
시스템으로 진화했고

온 나라
구석구석,
그리고

지구 전체로
퍼져나갔다.

그렇게 전력은 현재
우리 삶의 일부가
되었다.

전 세계 전력망은
전송 시스템을 통해
만들어졌는데,

이는 전력이 풍부한
곳에서부터 수요가 있는
곳까지 고전압의 전기를

이동시키는 시스템이다.

발전기들은

다양한 에너지원을
전기 에너지로 변환해주며

기름

가스

(때때로 태양과 같은
천연 에너지를 활용한다.)

지역의 배전선들은
그 에너지를 분배하여

낮은 전압을 사용하는
각 가정에 전기를 제공한다.

purr

이렇게 하여 우리는
거의 모든 활동에 필요한
전기를 얻게 된다.

실제로 각각의 전력망은 훨씬 복잡하고 그 특징은 망마다 미묘하게 다르다.

지형에 따라 독특한 방식으로 이루어지는 의사결정과

역사 및 경제체제와 관련되기도 한다.

중국

브라질

프랑스

지역사회의 전력망이 애초에 어떻게 구축되었는지는

먼 미래에까지 영향을 끼칠 정도로 중요한데,

어떤 망은 필수적인 에너지를 이동하는 데 구조적인 불평등이 초래되거나

미국, 푸에르토리코

짐바브웨

사기업들은 식민지 망을 형편없이 운영했다.

이익 추구와 착취의 시스템으로 작동되었다.

근본적으로 백인 정착민들에게 혜택을 주기 위해 구축되었다.

전 세계적으로 가용할 수 있는 전기량은 안정적이지 않은 편이어서

관리 부실로 인한 정전과

충돌

발전량 부족

깨끗한 물, 편안한 쉼터를 얻을 기회뿐만 아니라 서로의 소통도 제한한다.

이런 상황에서 전력화와 전력망의 통합은

거스를 수 없는 추세가 되어왔다.

국가들은 국가전력 시스템을 모두 연결해 통합된 전력 풀로 만들고

유럽 대륙의 동기화된 전력망

중앙아메리카의 전기 상호접속 시스템

남아프리카의 전력 풀

이를 잘 운영하여 더 넓은 지역에서 에너지를 사용할 수 있게 한다.

전기를 환경오염 없이 깨끗하게 만들 수 있다면 그것은 우리의 에너지 중 가장 좋은 형태일 것이다.

가스나 기름 같은 화석연료에서 벗어나고, 자동차나 버스도

우리 전력망의 일부로 받아들이길 원한다면 전기가 더욱더 필요할 것이다.

하지만 현재의 전력망으로 이 모든 것을 해내기엔 한계가 있다.

가장 중요한 질문 중 하나는 이것이다.

이 기계들을 어떻게 이 땅에 맞게

관리하고 유지할 수 있을까?

유지관리를 하지 않는 전력망은 치명적일 수 있다.

제대로 운영되지 않은 장비는 모든 것을 파괴하는 산불의 씨앗이 될 수 있는데,

투자자 소유의 전력회사에서 시스템 유지보수를 하지 않을 때 종종 이러한 일이 일어난다.

더 큰 문제는 생산된
전기가 지구에
끼치는 영향이다.

전기 생산은
전 세계적으로 지구의
온도를 올리는
온실가스 배출의 가장
큰 원인이다.

전 세계 산업계는
화석연료에 꾸준히
투자하고 있는데,

이는 세계에서
가장 취약한 사람들을
오염과

기후 변화라는
가장 폭력적인 현실로
내몰고 있다.

하지만
이 두 가지 위기,

즉 노후화되는 전력망과
점점 더워지는 지구,

이 위기에 대처하기
위해서는 어떤 행동이
필요하다.

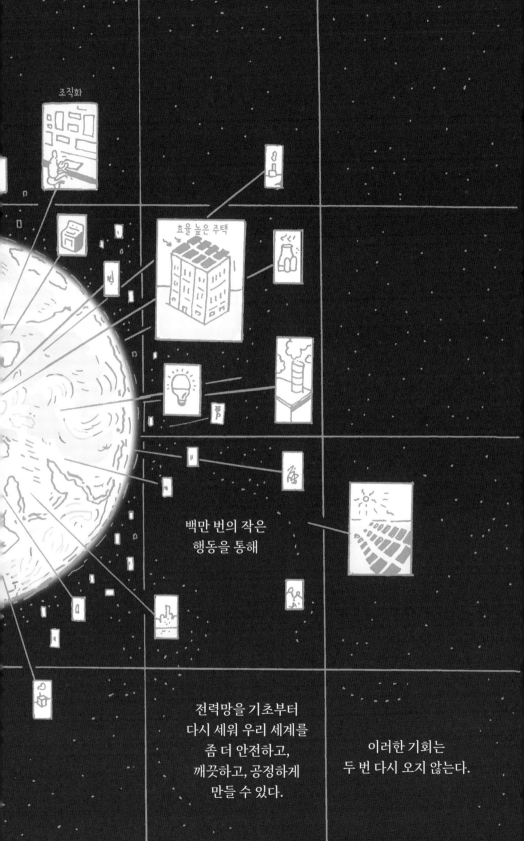

알다시피 그들은 미시시피강 유역 곳곳을 정비했다.
집을 비롯해 살 만한 크기의 공간을 확보하기 위해서였다.
이따금 그 지역의 강이 범람했다.
'홍수'라고 그들은 말했지만, 사실 홍수는 아니었다.
그것은 기억이었다. 애초에 어디에 있었는지에 대한 기억.
물은 모두 완벽하게 기억하고 있었고 그렇게 끊임없이
원래의 장소로 돌아오려 했다.

—토니 모리슨. 미국 소설가·노벨문학상 수상자

# 3장

# Waterworks

## 수도

지구의 가장 중요한 시스템에서
우리의 위치는 어디일까?

첨벙

157

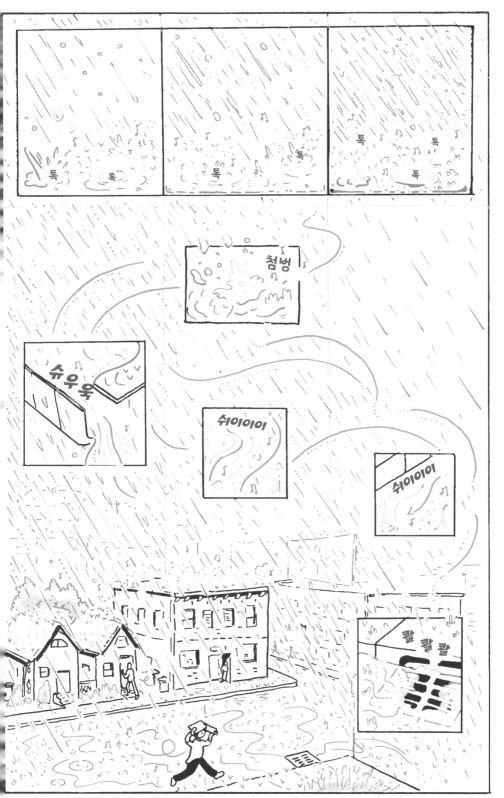

우리가 구축한
모든 시스템
중에서

우리가 하지 않은 것과
비교할 수 있는 것은
없다.

지구의 시스템은
중심 핵에서부터
대기에 이르기까지

서로 무한히
연결되어 있다.

이 모든 것은 동시에
서로 잡아당기기도 하고
밀어내기도 한다.

이러한 순환은
보이기도 하고

보이지 않기도 하는
어떤 결과를
만들어내는데,

우리는 이를
기후로 경험한다.

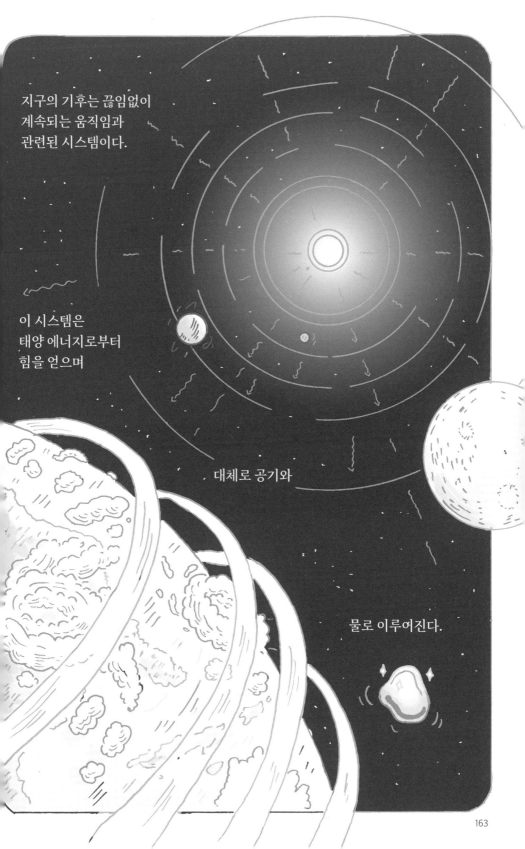

지구의 기후는 끊임없이
계속되는 움직임과
관련된 시스템이다.

이 시스템은
태양 에너지로부터
힘을 얻으며

대체로 공기와

물로 이루어진다.

때로 우리는 물을 우리가 생각할 수 있는

가장 따분한 것으로

여긴다.

건강한
느낌이지만,

아무 맛도
없고

탄산수만큼
좋지는 않아.

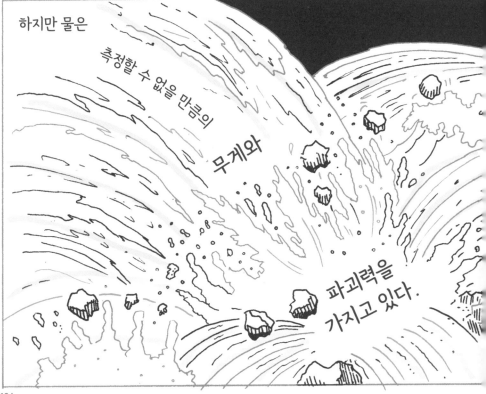

하지만 물은

측정할 수 없을 만큼의

무게와

파괴력을
가지고 있다.

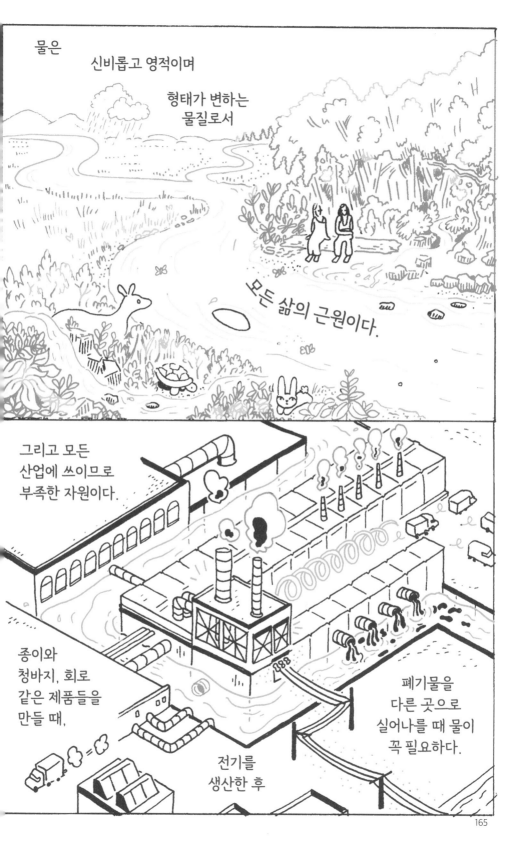

물은

신비롭고 영적이며

형태가 변하는
물질로서

모든 삶의 근원이다.

그리고 모든
산업에 쓰이므로
부족한 자원이다.

종이와
청바지, 회로
같은 제품들을
만들 때,

전기를
생산한 후

폐기물을
다른 곳으로
실어나를 때 물이
꼭 필요하다.

신선하고 깨끗한 물은
인간에게
가장 기본 조건으로,

그 안에는 소박한
아름다움이 녹아 있다.

사람들은 물의 양이
적당히 유지되는 기후를
가진 지역에 정착해왔다.

물을 얻기 위해서는
섬세한 균형이 필요하다.

바로 인간의
시스템과

상수도 시설

자연의 주기 사이의
균형이다.

기후

오늘날 이 두 시스템의
균형이 무너지면서

물의 공급 역시
불평등하게
이루어진다.

서로 다른 지역 간,
서로 다른 인구 간의

불평등이 점점 더
광범위하게
퍼져나가고 있다.

수도는 갖가지로
우리 삶을 뒷받침해준다.

에너지로,
화장실의 물로,
요리용으로,
식물
재배용으로,
세척용으로
식수용으로…

수도는 또한 지역의
기후 순환 주기에 맞춰
구축돼왔다.

하지만 우리가
지구온난화를 부추겨
기후가 점차 극단적으로
변해가면서

각 지역은 더 큰 위기
상황에 맞닥뜨리게 되었다.
물이 넘쳐나거나

모자라게 된 것이다.

우리와 물의 관계를
언급하면 끝이 없지만,

물의 순환 자체가 변하는
것과 같은 엄청난 주제를
이해하려면

훨씬 더 넓은 관점에서
볼 필요가 있다.

# 1. 지구의 물 : 순환과 규모

빅뱅
~140억 년 전

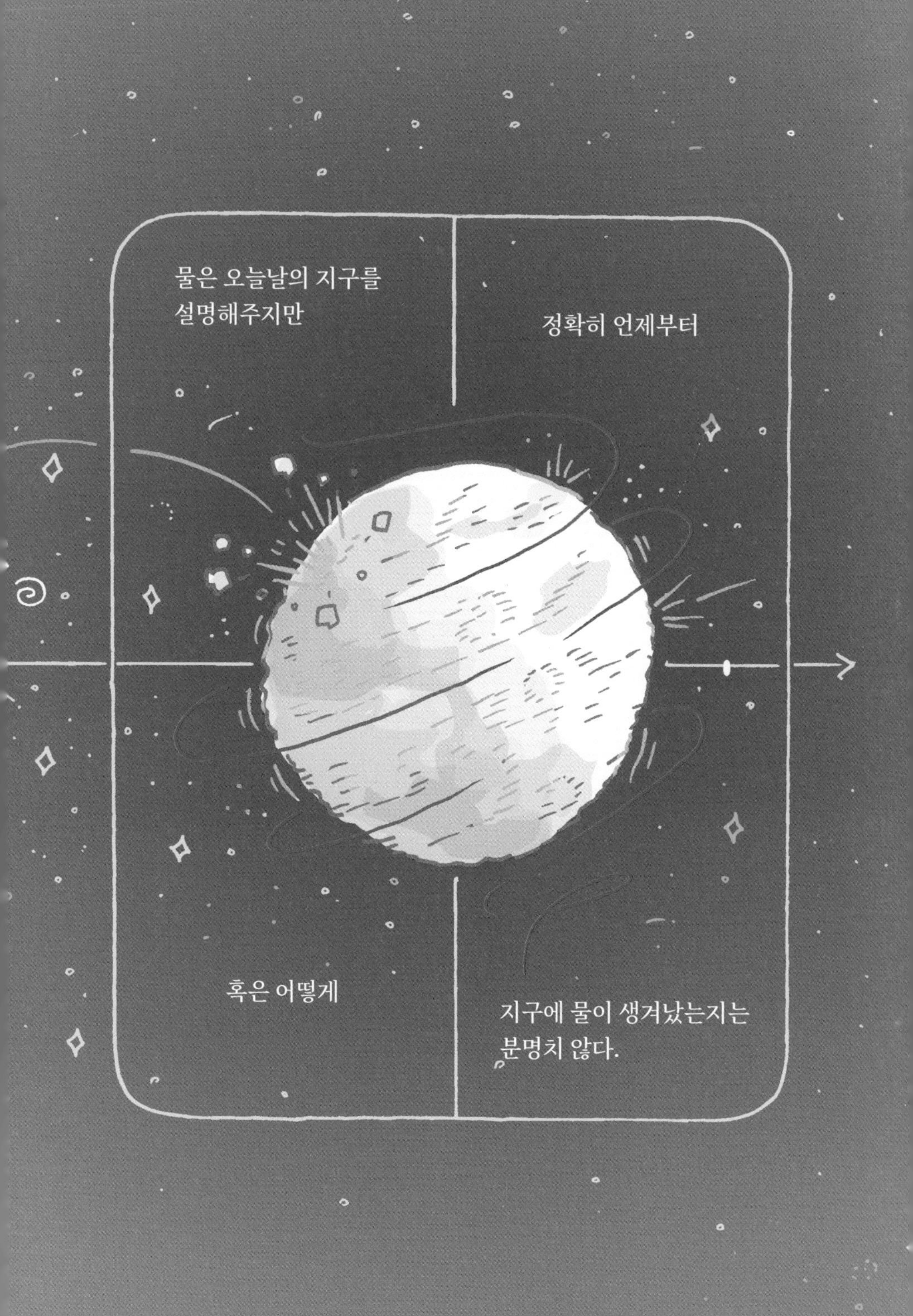

물은 오늘날의 지구를
설명해주지만

정확히 언제부터

혹은 어떻게

지구에 물이 생겨났는지는
분명치 않다.

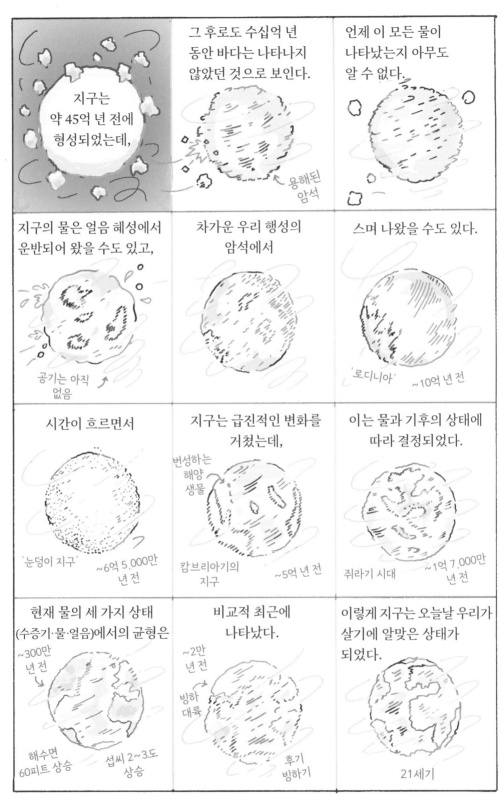

지구는 약 45억 년 전에 형성되었는데,

그 후로도 수십억 년 동안 바다는 나타나지 않았던 것으로 보인다.

용해된 암석

언제 이 모든 물이 나타났는지 아무도 알 수 없다.

지구의 물은 얼음 혜성에서 운반되어 왔을 수도 있고,

공기는 아직 없음

차가운 우리 행성의 암석에서

스며 나왔을 수도 있다.

'로디니아' ~10억 년 전

시간이 흐르면서

'눈덩이 지구' ~6억 5,000만 년 전

지구는 급진적인 변화를 거쳤는데,

번성하는 해양 생물

캄브리아기의 지구 ~5억 년 전

이는 물과 기후의 상태에 따라 결정되었다.

쥐라기 시대 ~1억 7,000만 년 전

현재 물의 세 가지 상태 (수증기·물·얼음)에서의 균형은

~300만 년 전

해수면 60피트 상승 섭씨 2~3도 상승

비교적 최근에 나타났다.

~2만 년 전

빙하 대륙

후기 빙하기

이렇게 지구는 오늘날 우리가 살기에 알맞은 상태가 되었다.

21세기

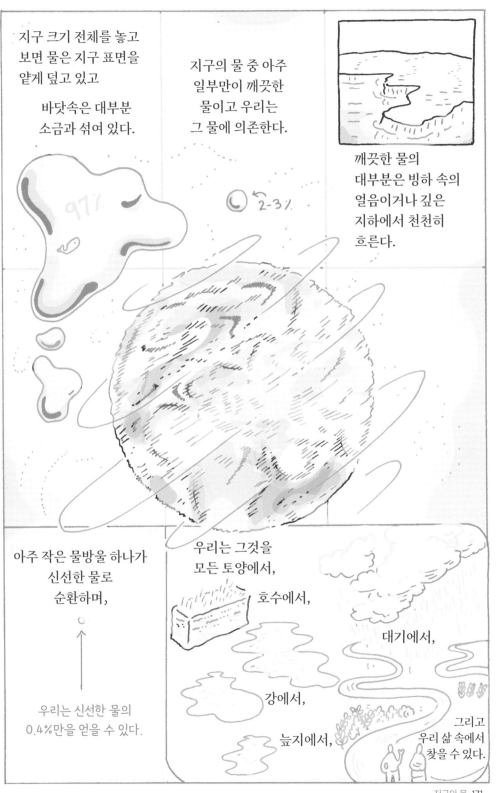

지구 크기 전체를 놓고
보면 물은 지구 표면을
얇게 덮고 있고

바닷속은 대부분
소금과 섞여 있다.

지구의 물 중 아주
일부만이 깨끗한
물이고 우리는
그 물에 의존한다.

깨끗한 물의
대부분은 빙하 속의
얼음이거나 깊은
지하에서 천천히
흐른다.

아주 작은 물방울 하나가
신선한 물로
순환하며,

우리는 신선한 물의
0.4%만을 얻을 수 있다.

우리는 그것을
모든 토양에서,

호수에서,

대기에서,

강에서,

늪지에서,

그리고
우리 삶 속에서
찾을 수 있다.

작은 단위로 물을
상상해보는 것은
쉬운 일이다.

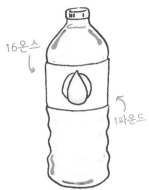

8온스

물을 담을 수 있는
일정한 공간의 부피와

16온스

1파운드

무게를 그려보면 된다.

1갤런

8파운드

그러나 물에 대한
일반적인 경험에서
벗어날수록 물을
상상하기가
점점 더 어려워진다.

물이 언제
이렇게
무거워진 거야?

5갤런(약 18.9리터)
: 약 40파운드

1온스=0.029574리터
1파운드=453.59237그램
1갤런=3.785412리터

변기 씻어내리기, 목욕하기,
설거지하기, 물 마시기 같은
일상적인 상황에서

미국의 일인당
하루 물 사용량

우리가 하루에
사용하는 물의 양을
그려보는 것은
더욱 어렵다.

80~100갤런
: 약 700파운드

물의 작용을
이해하기는 어렵다.
왜냐하면 사람의 상상을
넘어서 대규모로
일어나기 때문이다.

예를 들면 매일 도시
전체에서 사용되는
물의 양이나

(뉴욕에서는 매일 10억
갤런 이상을 사용한다.)

우리 행성의 다양한
곳에서 흐르거나
모여 있는 물의 양 같은
것이 그러하다.

(빙하와 만년설 속에
얼어 있는 담수는
약 1,500만 제곱킬로미터에
이른다.)

과학자들이
'오래된 연대'라고 부르는,
물과 기후의 지질학적
역사를 상상하는 것
역시 어렵다.

우리가 아는 많은 것들은 고대
빙하에 깊게 구멍을 뚫어 캐낸
실린더(원통)를 연구하는
중에 찾아낸 것이다.

서로 다른 깊이로
얼어버린 이 실린더의
공기와 물로부터 기후의
역사를 미세하게 포착할
수 있다.

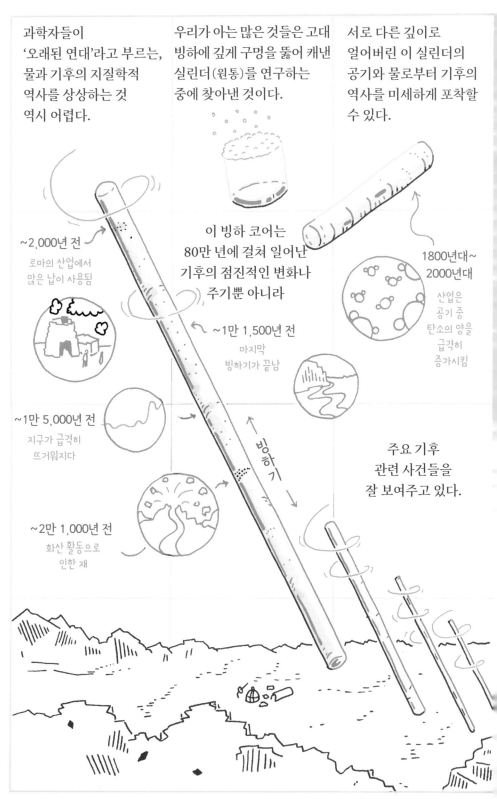

~2,000년 전
로마의 산업에서
많은 납이 사용됨

이 빙하 코어는
80만 년에 걸쳐 일어난
기후의 점진적인 변화나
주기뿐 아니라

~1만 1,500년 전
마지막
빙하기가 끝남

1800년대~
2000년대
산업은
공기 중
탄소의 양을
급격히
증가시킴

~1만 5,000년 전
지구가 급격히
뜨거워지다

빙하기

~2만 1,000년 전
화산 활동으로
인한 재

주요 기후
관련 사건들을
잘 보여주고 있다.

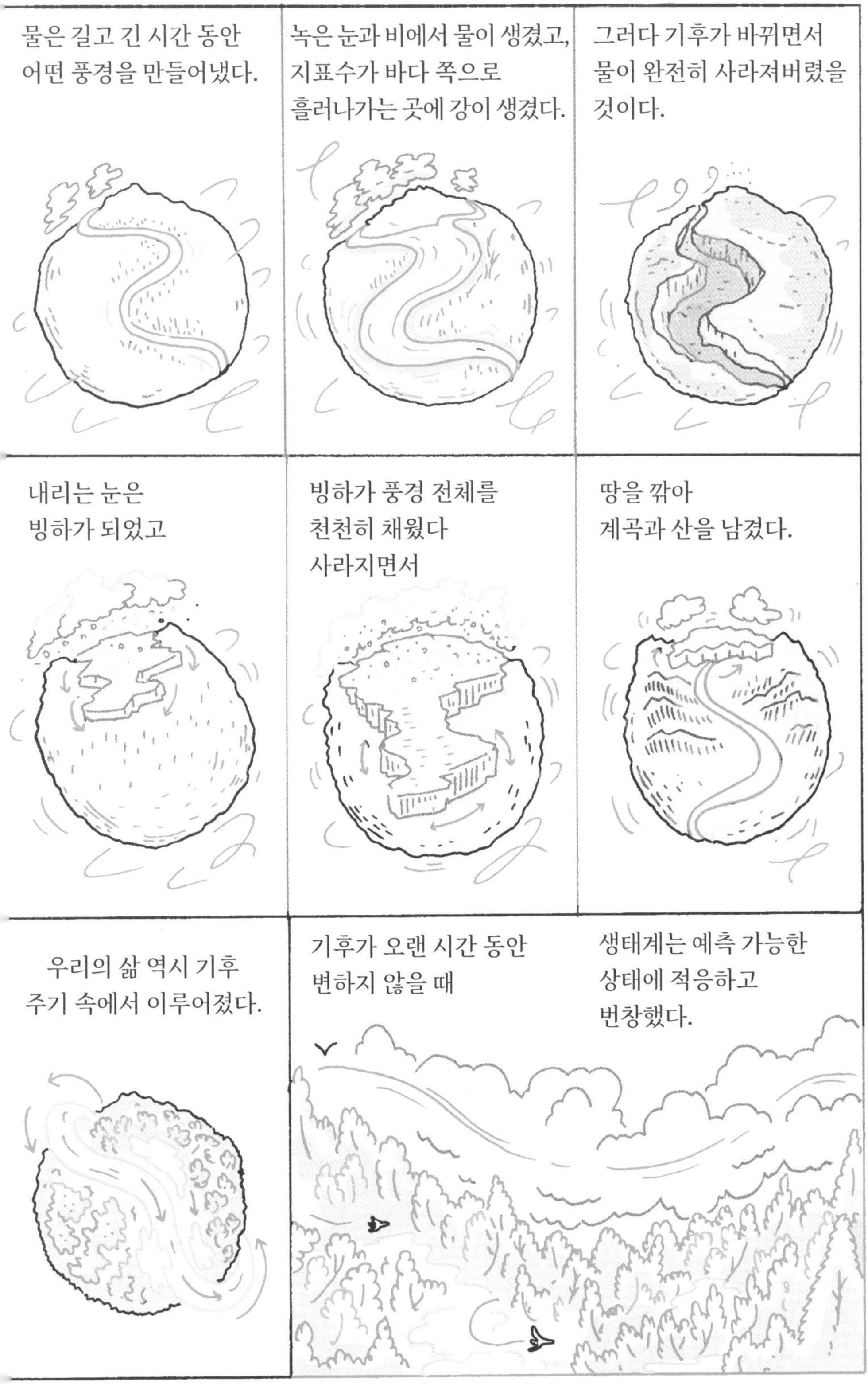

물은 길고 긴 시간 동안 어떤 풍경을 만들어냈다.

녹은 눈과 비에서 물이 생겼고, 지표수가 바다 쪽으로 흘러나가는 곳에 강이 생겼다.

그러다 기후가 바뀌면서 물이 완전히 사라져버렸을 것이다.

내리는 눈은 빙하가 되었고

빙하가 풍경 전체를 천천히 채웠다 사라지면서

땅을 깎아 계곡과 산을 남겼다.

우리의 삶 역시 기후 주기 속에서 이루어졌다.

기후가 오랜 시간 동안 변하지 않을 때

생태계는 예측 가능한 상태에 적응하고 번창했다.

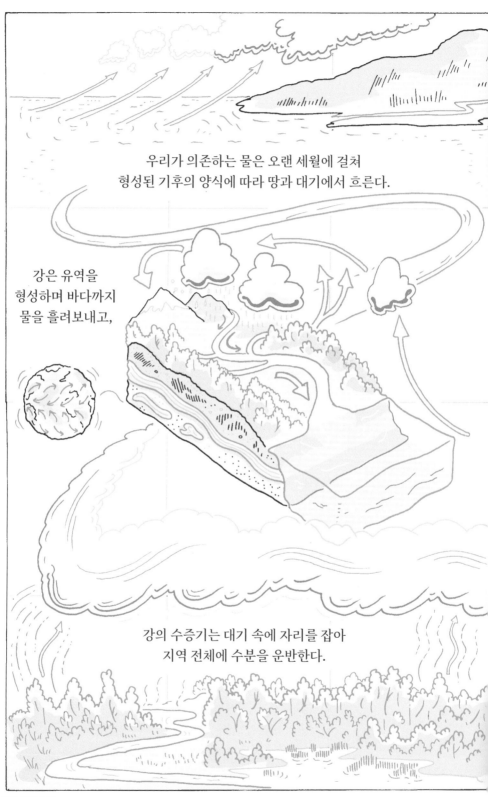

우리가 의존하는 물은 오랜 세월에 걸쳐
형성된 기후의 양식에 따라 땅과 대기에서 흐른다.

강은 유역을
형성하며 바다까지
물을 흘려보내고,

강의 수증기는 대기 속에 자리를 잡아
지역 전체에 수분을 운반한다.

이러한 끊임없는
물의 움직임을 우리는
물의 순환이라 부른다.

물은 절대
소진되지 않는다.

물은 언제나 다음 단계로
나아가고 하나의 상태에서
다른 상태로 변화한다.

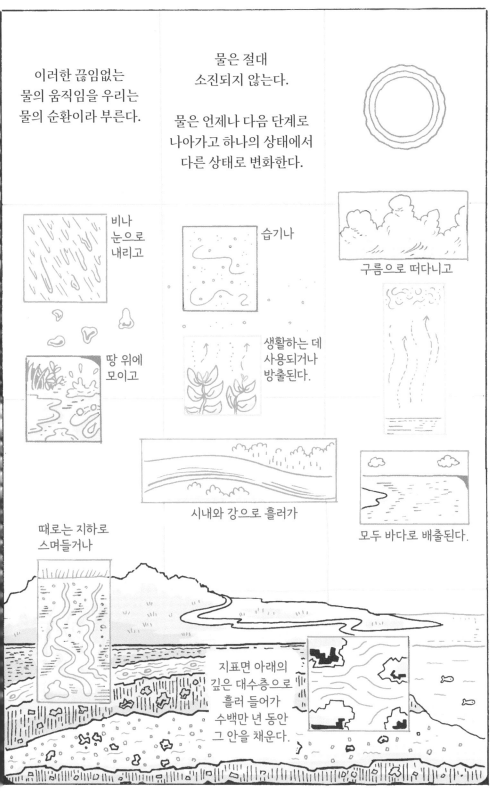

비나
눈으로
내리고

습기나

구름으로 떠다니고

땅 위에
모이고

생활하는 데
사용되거나
방출된다.

시내와 강으로 흘러가

모두 바다로 배출된다.

때로는 지하로
스며들거나

지표면 아래의
깊은 대수층으로
흘러 들어가
수백만 년 동안
그 안을 채운다.

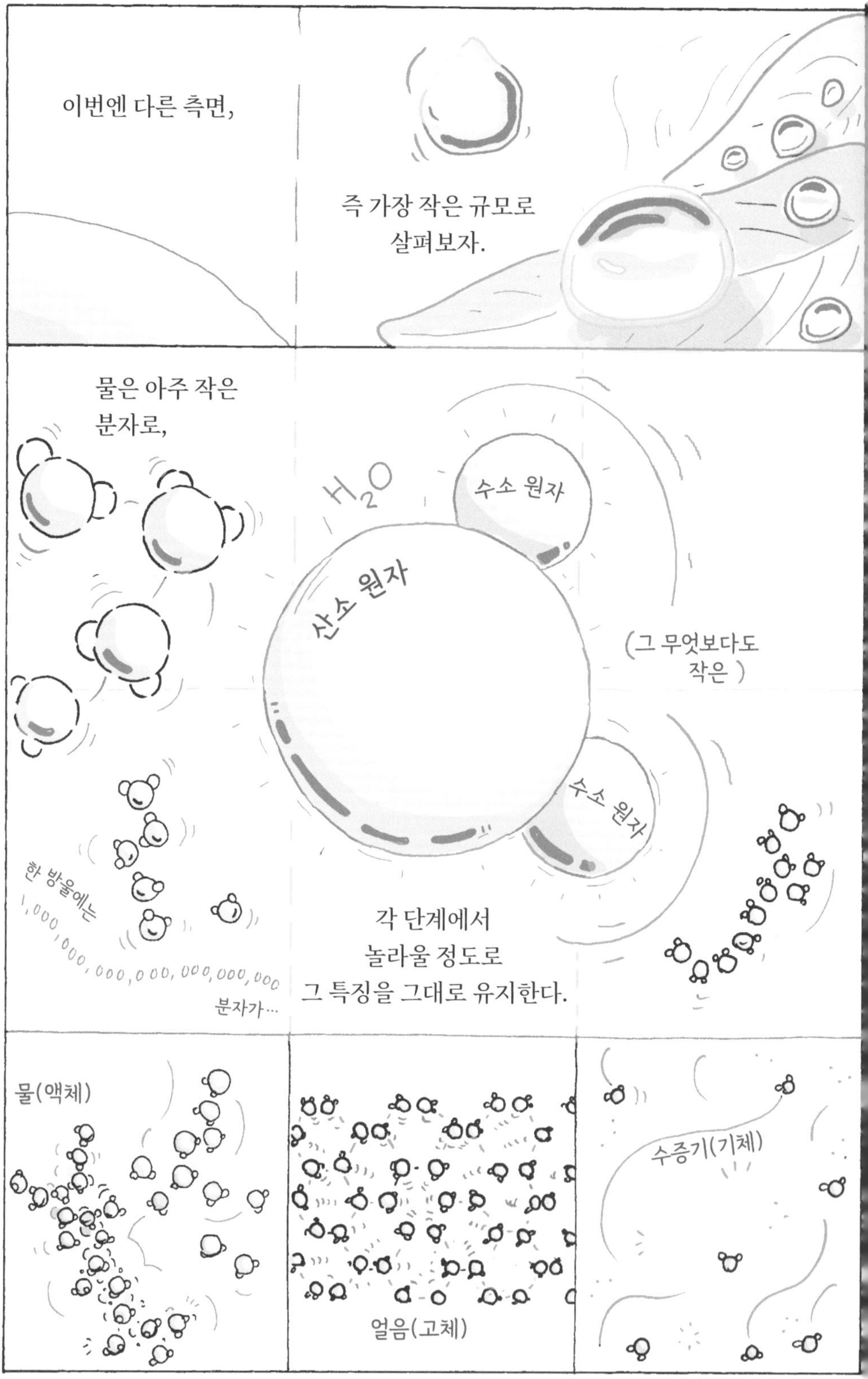

이번엔 다른 측면,

즉 가장 작은 규모로
살펴보자.

물은 아주 작은
분자로,

$H_2O$

수소 원자

산소 원자

( 그 무엇보다도
작은 )

수소 원자

한 방울에는

1,000,000,000,000,000,000,000

분자가…

각 단계에서
놀라울 정도로
그 특징을 그대로 유지한다.

물(액체)

얼음(고체)

수증기(기체)

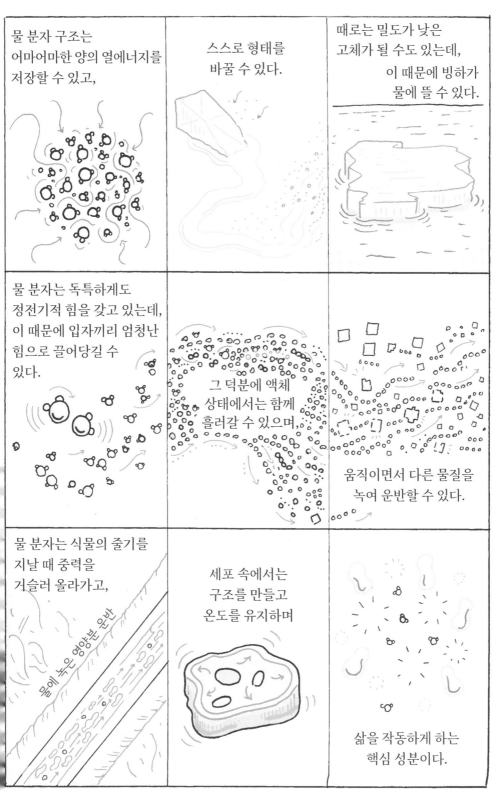

물 분자 구조는 어마어마한 양의 열에너지를 저장할 수 있고,

스스로 형태를 바꿀 수 있다.

때로는 밀도가 낮은 고체가 될 수도 있는데, 이 때문에 빙하가 물에 뜰 수 있다.

물 분자는 독특하게도 정전기적 힘을 갖고 있는데, 이 때문에 입자끼리 엄청난 힘으로 끌어당길 수 있다.

그 덕분에 액체 상태에서는 함께 흘러갈 수 있으며,

움직이면서 다른 물질을 녹여 운반할 수 있다.

물 분자는 식물의 줄기를 지날 때 중력을 거슬러 올라가고,

물에 녹은 영양분

세포 속에서는 구조를 만들고 온도를 유지하며

삶을 작동하게 하는 핵심 성분이다.

물이 지닌
독특한 특징 덕에
이 행성의 온도가
유지되고

얼음은
태양 빛을
반사한다.

물이 이 빛을 흡수한다.

비로 내린 물은
땅을 변화시킨다.

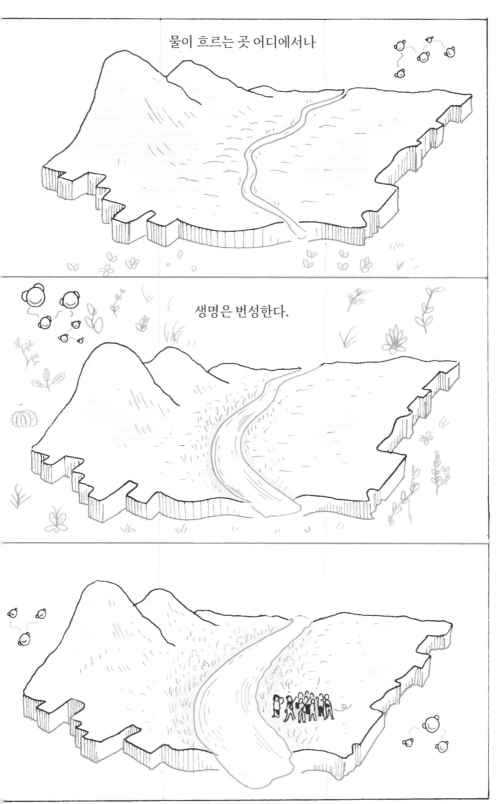

물이 흐르는 곳 어디에서나

생명은 번성한다.

사람의 크기를
기준으로 할 경우

물은 우리의 시스템,
즉 몸속에서

가장 중요한
역할을 한다.

대부분은 물

먹고 마심으로써 몸속에 들어온 물은
우리 몸무게의 3분의 2를 차지하고

사각
사각

호흡과 땀으로,
그리고 소화를 거쳐
배출되기 전에

세포,
조직,
장기에서
사용된다.

물을 관리하고
이해하는 것은
우리 집단 시스템에서도
핵심 과제였다.

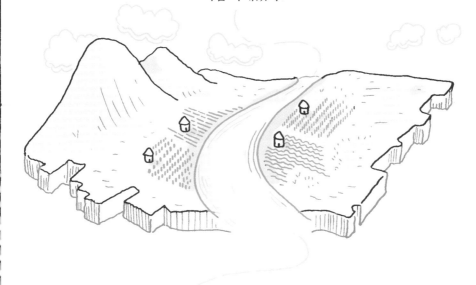

약 1만 년 전,
작은 정착지가
성장해 도시가 될 때

특히 그러했다.

# 2. 흥망성쇠, 정착지와 도시

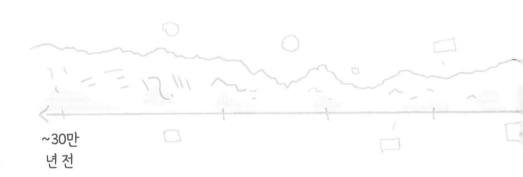

~30만
년 전

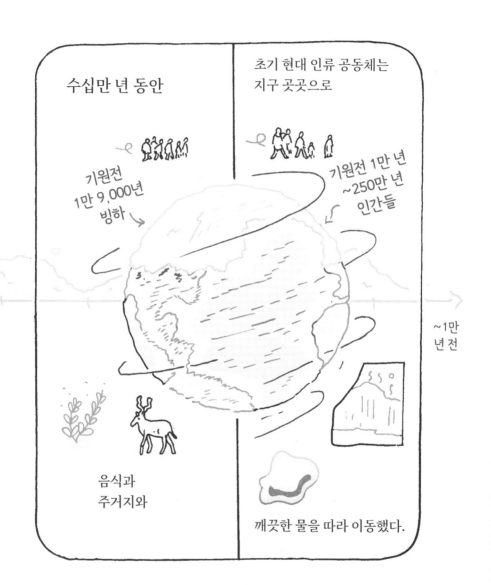

수십만 년 동안

초기 현대 인류 공동체는
지구 곳곳으로

기원전
1만 9,000년
빙하

기원전 1만 년
~250만 년
인간들

~1만
년 전

음식과
주거지와

깨끗한 물을 따라 이동했다.

지난 10만 년
대부분의 시간 동안

큰 규모의 빙판이
지구의 북부 지역을
가득 덮고 있었다.

그런 다음

대략 1만 년 전에

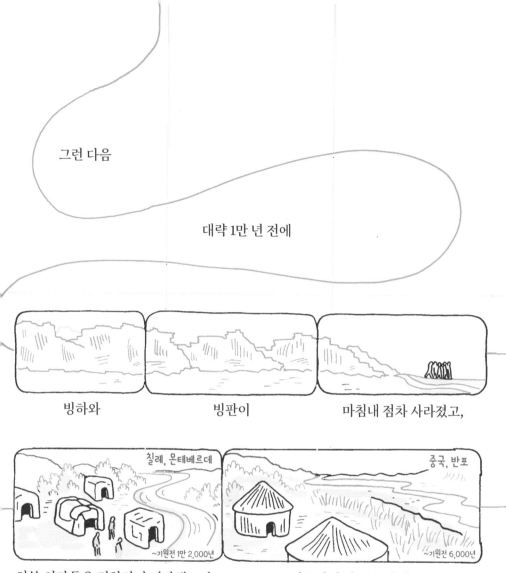

빙하와     빙판이     마침내 점차 사라졌고,

일부 인간들은 정착하기 시작했으며,     정주하여 마을을 이뤘다.

안정적으로 공급되는
깨끗한 물과 온대기후 덕에     몇몇 도시들은
번성하기 시작했다.

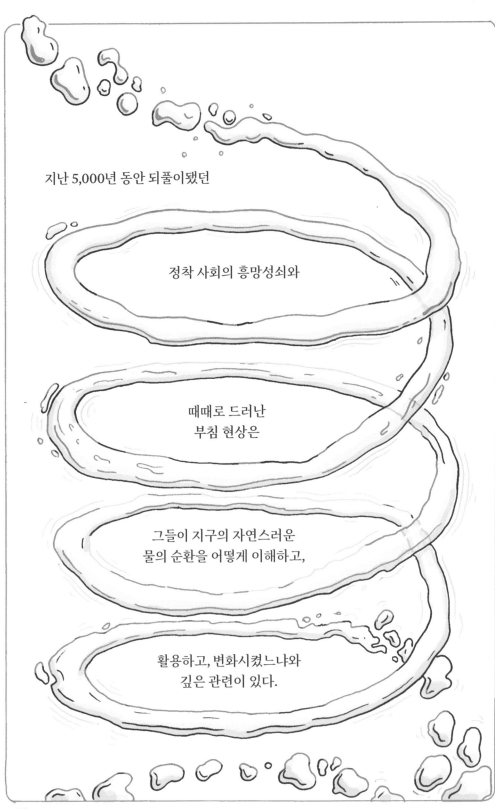

지난 5,000년 동안 되풀이됐던

정착 사회의 흥망성쇠와

때때로 드러난
부침 현상은

그들이 지구의 자연스러운
물의 순환을 어떻게 이해하고,

활용하고, 변화시켰느냐와
깊은 관련이 있다.

대략
6,000년 전,

수메르의 도시와
문명이 번창했다.

현재 이라크로
알려진 지역

이들은 티그리스와
유프라테스강의
흐름을 이용했다.

무역

기원전
5,000년      수메르인들

기원전
3,000년

기원전
2,000년

수메르인들은
관개지에 물을 대는
방식으로 사막에서
식물을 경작했지만

점차 지나친
경작은 피해야
한다는 점을
깨달았다.

토양 속 염분과
미네랄을 풍부하게
유지하기 위해서였다.

하지만 지속 가능한
경작에 대한 이러한
지혜는 무시되기
십상이었고,

땅에서
식량을 얻기가
어려워졌다.

결국 기원전 1,600년이
되기도 전, 수메르인의
문화는 역사에서
사라지고 말았다.

고대 아프리카 북동부
지역인 이집트와
주변 지역은 나일강의
연간 주기에 전적으로
영향을 받으며 형성되었다.

수천 년 동안 수많은
역대 통치자들이 거쳐갔다.

통치자들의 정치적이고
종교적인 힘은 1년 주기로
일어나는 나일강의 범람을
얼마나 잘 이해하고
있느냐에서 나왔다.

이집트 문명

| 기원전 3,000년 | 고왕국 | 기원전 2,000년 | 중왕국 |

나일강 둑을 따라
놓인 들판은
여름 범람 덕에
비옥해졌는데,

'길한 범람의 해'가
이어진 수십 년과
수 세기 동안

나일강이 비옥한 토사와 물을
운반해온 덕에 나라가
번성했지만,

가뭄의 시기에는
정치적으로 붕괴하는
경우가 많았다.

신왕국　　　기원전
　　　　　1,000년

제3중간기　　　말기 왕조

서기 0년

이는 수천 킬로미터
떨어진 에티오피아의 산에
매년 내리는 여름비에서
비롯되었다.

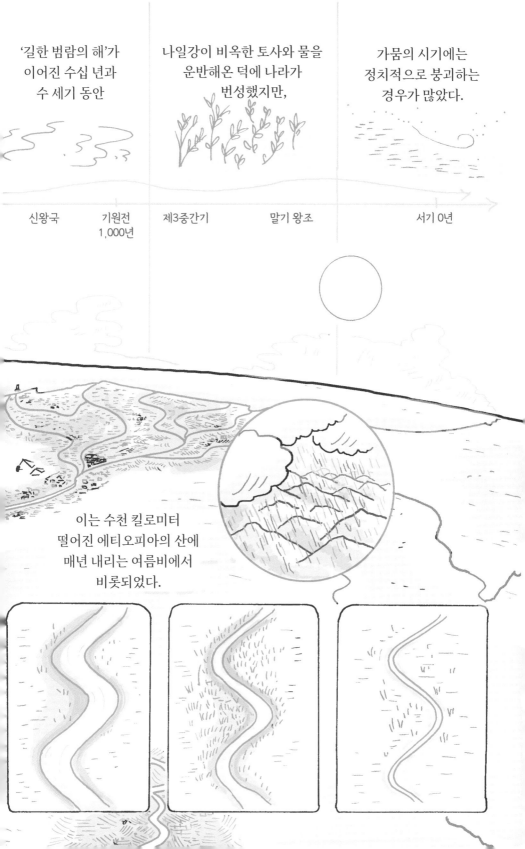

약 6400킬로미터
떨어진 동아시아의

고대 중국 공동체는 두 개의
주요 하천 시스템에서
일어나는 범람을
잘 관리하려고 노력했다.

그러나 강이 넘치면
댐과 제방은 강줄기를
따라 쓸려 내려갔다.

기원전
700년

중국

황허강

양쯔강

기원전 272년

이빙(李氷)은 이러한 물의
순환에 적응하기 위해
도교적 접근법을 선택했다.

그는 양쯔강의 남쪽 지류인
민강을 연구해 그 흐름에서
방법을 찾았다.

둑을 이어 쌓아올리는 방식으로
우회로를 만들어 강의 주요
굴곡진 부분에서 강줄기를
둘로 나누었다.

기원전 3세기
중국의
수리공학
기술자

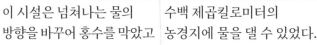

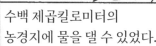

대나무
우리 안에
돌을 포개어
쌓음

이 시설은 넘쳐나는 물의
방향을 바꾸어 홍수를 막았고

수백 제곱킬로미터의
농경지에 물을 댈 수 있었다.

당시의 경이로운 공학 기술은
2,000년이 더 지난 오늘날에도
여전히 작동되고 있다.

두장옌
(고대 관개 시스템)

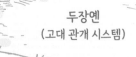

민강

중국 북부 지대에서 겪는
일상적인 물 부족 사태는
엄청난 위협이 되었다.

서기 600년경,
이러한 상황에
더 적극적으로 접근한

수나라는 세계에서
가장 긴 인공 강을
건설하라고 명령했다.

서기
700년

서기 600년

300만 명의 노동력을
이용해 육지를 뚫어
운하를 팠고,

기존의 운하를 황허강 및
양쯔강과 연결했으며

남쪽과 동쪽을 이어 물과
식량의 운반은 물론 무역을
위한 네트워크를
구축했다.

홍수와 전쟁과 물자
부족으로 인한 피해는
복잡하고 반복되는
경향이 있기 때문에

진흙과 토사를 끊임없이
걷어내야만 했다.

대운하의 많은 구간이
1,500년 동안 확장되거나
줄어들면서 현재에
이르렀으며,

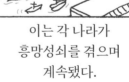

이는 각 나라가
흥망성쇠를 겪으며
계속됐다.

기원전 312년,
로마는 다른 작은 형태의
인공 강을 건설했다.

오염된 테베레강에서
충분한 물을 얻어올 수
없었기 때문에

지하에 수로를 건설해
교외의 깨끗한 물을
끌어왔고 이 물을
도시에 공급했다.

기원전
312년

16킬로미터 이상의
거리를 중력의
힘으로 이동

수로는 이전에도
지어진 적이 있지만,

이란의 카나트

아시리아의 수로

그리스의 파이프

로마는 새로운 높이의
수로를 지은 것으로
유명하다.

서기 40~60년
가르교

이 수로를 통해 마시고
씻는 등 필수적인 공공
용수가 제공됐다.

납 파이프를
사용했다.

로마는 또한 물을 장식과
사교를 위해 사용했을 뿐
아니라

근처
옹광로에서
데워진
물

오락의 원천으로도
사용했는데,

경기장을 물로
채워

해군의 전투를
무대에 올림

이 모든 것은 제국의
심장부에서 빠르게 증가하는
인구를 위한 것이었다.

대략 500년 후인 서기 226년, 로마는 열한 번째 수로를 추가로 건설했다.

당시에 최초로

어림잡아 약 100만 명의 인구가 한 도시에 거주하고 있었기 때문이다.

나일강에서 수입한 식량

서기 700년

하지만 로마의 수도 시스템은 계속 이어지지 못했다.

서기 537년 로마제국을 침략한 동고트의

군사들은 로마의 수로 하나만을 남기고 모두 파괴했고, 지도자들은 도시를 버리고 떠났다.

로마의 인구는 이전 규모보다 크게 줄어들었는데,

그 많은 수로를 재건하는 데 1,000년이 걸렸고

1930년대 들어서야 이전의 인구 규모를 회복했다.

역사의 관심이 폐허로 남겨진 웅장한 제국의 수로에 집중된 반면,

수많은 인구와 문명은 물의 순환 속에서 살기를 선택했으면서도

환경이나 역사에 큰 흔적을 남기지는 않았다.

서기 798~802년 엄청난 홍수

서기 0년    호호캄

서기 500년

북아메리카 남서부의

호호캄 주민 공동체는 1,500년 동안 솔트강과 힐라강 주변에 살았다.

그들은 사막을 통과하는 수천 킬로미터의 관개 운하를 파는 데 함께했다.

여러 공동체가 이를 위해 정기적으로 모였던 것으로 보이는데,

공놀이도 하고 재화도 교환하면서

그 지역 전체에 수도관을 놓는 데 유기적으로 협력했다.

우리의 역사는 보통 무엇이 남겨졌느냐에 근거한다.

즉 기록되고 증언으로 수집된 것이 최우선으로 여겨진다.

그런 이유로 자연과 조화를 이루어 살아가는 문명은 오늘날 잘 연구되지 않는다.

가뭄 1322~59년

서기 1500년

1380년~82년 대홍수

1867년 애리조나 피닉스

서기 2000년

1300년대는

종종 홍수와 가뭄이 이어져 모두가 어려운 시기를 보냈을 것으로 추정된다.

당시 호호캄은 그들의 정착지를 버리고 떠난 것이 분명했고

모든 문명의 증거 역시 사라지고 말았다.

수 세기가 지난 1860년대에

미래의 집 스윌링 운하 주식회사

유럽의 식민 개척자들은 이 배수로를 발견하고 호호캄 경로를 따라 운하를 다시 팠다.

이 운하를 지나는 물은 오늘날 애리조나

피닉스에서 사용된다.

북아메리카 남서부 197

지난 1만여 년 동안

사람들이 정착하기로
선택한 곳이면 어디든지

창의적이고 경외할 만한
흔적을 발견하게 된다.

지하수를 얻기 위한
인도의 계단식 우물

이는 공동체들이
그 지역의 독특한
물의 순환 속에서
번성했다는 증거다.

사람들은
삶의 양식을 바꾸기
위해 지속 가능한
관행을 익혀왔고

서기 1300년
앙코르 와트

생명을 살리고
실질적이며
영적인,

물의 여러 속성에 충실한

구조물들을
만들어왔다.

페트라(나바테아인)

기원전 200년 ~ 서기 700년

물탱크에 저장된 사막의 빗물

이러한 기념물과 시스템은 종종 그것을 만든 공동체보다 더 오래 존속했으며,

그들이 무엇을 지었든지 간에 한 가지 사실을 상기시킨다.

티칼(마야)

기원전 600년 ~ 서기 1000년

변화하는 물의 순환에 적응하는 일은 삶과 죽음의 문제라는 것이다.

가뭄과 오염을 대비한 저수지

물의 순환 속에 우리의 위치를 아는 지혜는 오늘날에도 여전히 중요하지만,

지난 200년 동안

인구가 증가하고

도시가 산업화한 이후로

그 중요성이 점차 간과되고 있다.

# 3. 도시에서의 물

서기
0년

서기
500년

서기
1,000

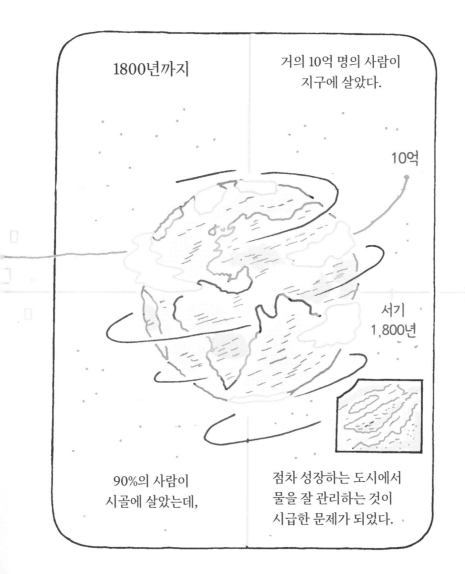

1800년까지

거의 10억 명의 사람이
지구에 살았다.

10억

서기
1,800년

90%의 사람이
시골에 살았는데,

점차 성장하는 도시에서
물을 잘 관리하는 것이
시급한 문제가 되었다.

1600년, 식민시대 전 현재의 맨해튼인 맨해타섬은 55개의 생태계가 모여 있는 곳이었다.

야생과 인간 공동체를 지탱하는 곳으로,

공동체는 수천 년 동안 그곳에 거주해왔다.

레나페족

1만 8,000년 전 거대 빙하의 가장자리

2,000피트 이상의 높이

네덜란드 정착민들은 섬의 끝부분을 식민지로 만들었고, 1664년 영국은 이곳을 뉴욕이라는 이름으로 바꾸었다.

월스트리트

1660

하지만 허드슨강과 이스트강의 물은 너무 짜서 마실 수 없었고,

1776

도시가 성장하면서 정착민들이 섬의 연못을 오염시키자 깨끗한 물은 갈수록 부족해졌다.

1800

깨끗한 지하수가 나오는 곳에 영리 목적의 '차(tea) 펌프'가 설치됐는데, 물값이 너무 비싸

이를 살 형편이 되는 사람들만 물을 집으로 실어갈 수 있었다. 이런 지속 불가능한 물 시스템은

도시에서 맹위를 떨친 잦은 화재로 더욱 시급히 해결해야 할 사안이었다.

시 당국은 애런 버가 세운 맨해튼 기업에 식수 시스템 구축을 의뢰했다.

미국의 정치가 알렉산더 해밀턴을 쏜 바로 그 사람

하지만 이들은 줄줄 새는 파이프 몇 개를 땅에 묻은 것 말고는 한 일이 거의 없었다.

나무 기둥을 파냄

이 기업은 버가 새로운 은행을 운영하기 위해 세운 이름뿐인 회사였기 때문이다.

Wall St.

훗날 체이스 맨해튼은행을 거쳐 JP모건 체이스가 됨

역사를 통틀어 성장하는 대부분의 도시들처럼

뉴욕은 수도관을 통해 멀리 떨어진 깨끗한 물의 원천을 끌어오는 방법을 찾아냈다.

크로톤강에서 섬의 저수지까지 약 64킬로미터에 걸쳐 물을 운반한 것이다.

이는 추후 뉴욕 공공 도서관의 기반이 되었다.

1842년 뉴욕에 깨끗한 물이 도착했을 때 기쁨과 환희로 가득한 기념식이 열렸고

이는 광범위한 식수 시스템의 시작을 알리는 것이었다.

크로톤의 물

깨끗하고 달콤하며 영양이 풍부한 물!

짝 짝

이로써 19곳의 저수지와 3곳의 호수에서 매일 10억 갤런의 물이 시로 흘러 들어온다.

도시 거주자들은 물을 도시로 공급하는 도전뿐 아니라

이것을 버리는 것의 중요성도 빠르게 깨달았다.

발밑 조심해요!

첨벙

18~19세기, 한창 성장하는 유럽과 미국의 도시들은 더러웠고 이로 인해 각종 질병에 시달렸다.

숲이나 들판 같은 개간하지 않은 땅은 물을 흡수하지만

개간지에는 물이 고여 웅덩이가 생기고

빗물은 종종 도시의 강으로 흘러 들어갔다.

1712년, 풍자 작가인 조너선 스위프트가 묘사하기를,

"정육점 진열대를 쓸어가는 똥,

…물에 빠진 강아지들아,

악취 풍기는 물고기들이 진흙탕 속에 흠뻑 빠져 있네.

죽은 고양이들과 순무의 어린잎아."

그는 인구 증가를 따라가지 못한 하수관과 더러운 물로 뒤덮인 구덩이에 많은 것이 떠내려가는 광경을 본 것이다.

런던의 템스강은 도시의 하수관이 되어버렸다.

도시가 커지고, 주민들이 만들어내는 분뇨와 산업 폐기물이 증가하면서,

시는 물과 오물이 뒤섞였을 때의 위험성을 이해하지 못한 채

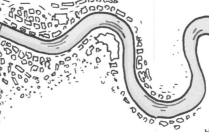

강의 흐름을 이용해 이를 도시 밖으로 흘려보냈다.

1800년대 콜레라가 빠르게 번지기 시작했을 때 이 병의 확산을 멈추기는 쉽지 않았다.

사람들은 여전히 병의 원인이 냄새라 믿었고

그들이 마시는 물속에 박테리아가 살고 있다는 것을 알지 못했기 때문이었다.

저 나쁜 공기!

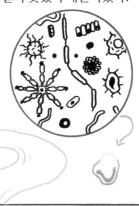

그러나 1858년 무더위가 극심했던 여름, 템스강 주변의 참을 수 없는 악취 때문에 모두가 행동에 나서게 되었다.

도시의 부자들과 의회마저 진동하는 악취에 시달리게 되자

하천 정비계획을 입안하기 시작했다.

1858년 '런던 대악취 사건'

파리 사람들은 기막히게 아름답지만 예산을 크게 초과하는 하수 시스템을 건설했다.

도시의 하수 대부분은 이를 통해 운반됐지만, 고형의 분뇨는 해결하지 못했다.

내 하수관에 무엇을 넣으려는 거지?

건축가 하우스만

둘러보고 경탄할 예정임

분뇨는 여전히 수십 명의 야간 분뇨 작업조가 비료로 쓸 수 있도록 농장으로 옮겼다.

런던 사람들은 더 실질적인 결합 시스템을 만들었는데,

빠르게 증가하는 인구에 걸맞게 물을 안정적으로 공급하기 위해

폐기물을 강 아래 더 먼 곳으로 폐기했다.

1860년대

도시 폐기 시스템의 새로운 계획이 세계 곳곳으로 퍼져나가면서 도시는 안전하고 깨끗해졌지만,

여전히 산업 폐기물은 강을 이용해 어딘가로 옮겨졌다.

특히 기업들이 산업용수를 사용하는 새로운 방법을 찾을 때까지 그러했다.

벽돌을 하나씩 쌓는다.

도쿄

보스턴

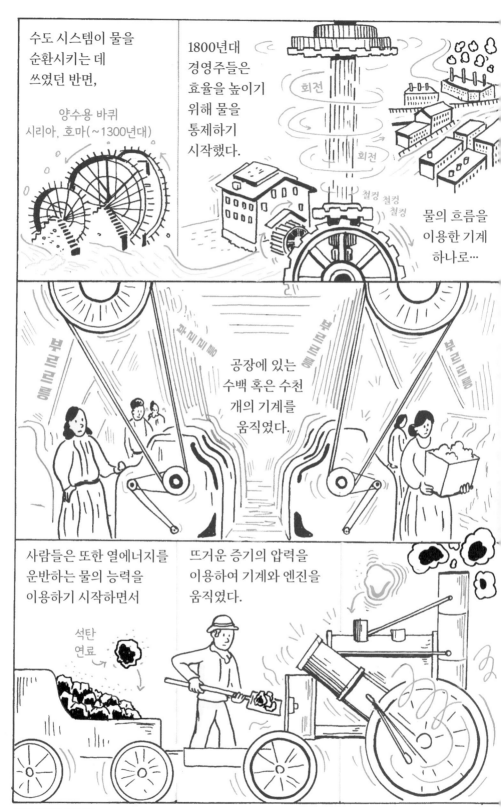

수도 시스템이 물을 순환시키는 데 쓰였던 반면,

양수용 바퀴 시리아, 호마(~1300년대)

1800년대 경영주들은 효율을 높이기 위해 물을 통제하기 시작했다.

회전

회전

철컹 철컹 철컹

물의 흐름을 이용한 기계 하나로…

부르르릉

부르르릉

부르르릉

부르르릉

공장에 있는 수백 혹은 수천 개의 기계를 움직였다.

사람들은 또한 열에너지를 운반하는 물의 능력을 이용하기 시작하면서

뜨거운 증기의 압력을 이용하여 기계와 엔진을 움직였다.

석탄 연료

기업들은 너도나도 영리 목적의 운하를 만들며 새로운 물길을 냈다.

1800년대 유럽과 북아메리카의 운하 건설 붐

산업용 혹은 운송 수단으로 사용된 인공 수로는

때로는 여전히 동물들이 짐을 끌었다.

순식간에 태평양에서 대서양, 그리고 미시시피강까지 연결되었다.

정부와 기업들이 사용하는 산업용 수력 발전과

지구의 물 경로를 따르는 더 쉬운 이동의 결합은

무역과 이민의 새로운 물결이 일어나는 데 한몫했고

물 이용에 관한 이러한 사례는 북아메리카와 전 세계 식민지를 통해 퍼져나갔다.

# 4. 토지와 물 소유권 주장

1500년:
4억 6,100만의
사람들

서기
1,000년

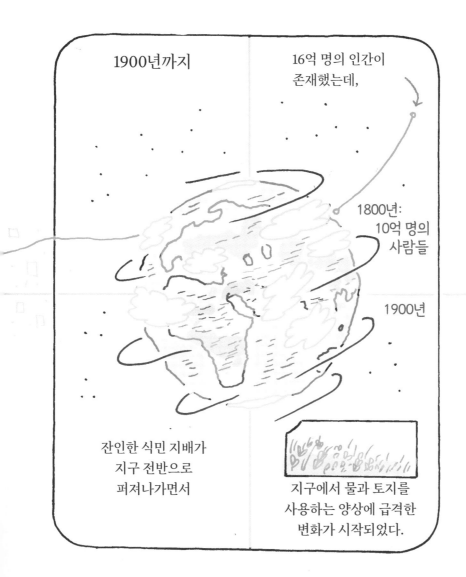

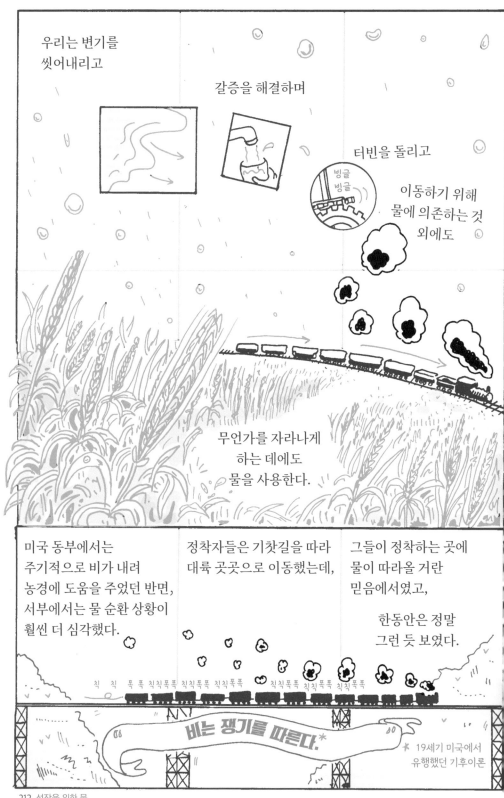

우리는 변기를
씻어내리고

갈증을 해결하며

터빈을 돌리고

빙글
빙글

이동하기 위해
물에 의존하는 것
외에도

무언가를 자라나게
하는 데에도
물을 사용한다.

미국 동부에서는
주기적으로 비가 내려
농경에 도움을 주었던 반면,
서부에서는 물 순환 상황이
훨씬 더 심각했다.

정착자들은 기찻길을 따라
대륙 곳곳으로 이동했는데,

그들이 정착하는 곳에
물이 따라올 거란
믿음에서였고,

한동안은 정말
그런 듯 보였다.

칙 칙 폭폭 칙칙폭폭 칙칙폭폭 칙칙폭폭 칙칙폭폭 칙칙폭폭 칙칙폭폭

비는 쟁기를 따른다.*

＊ 19세기 미국에서
유행했던 기후이론

정착자들은 이곳저곳을 휩쓸며 아메리카 원주민 식량의 주 원천인 버펄로를 약탈하고 원주민들을 대평원에서 몰아낸 뒤,

점점 더 많은 노력을 들여 광대한 지역을 갈아엎었다. 그렇게 밀과 같이 돈이 되는 작물을 경작하는 데 매진했다.

그들의 노력은 비가 멈출 때까지 계속되었다.

1930년대 있었던 흙먼지 지대(더스트 보울)는 인간이 만들어낸 환경 재앙의 결과였다.

가물어 말라버린 흙이 바람에 치솟아 모래 폭풍이 되면서 새롭게 일군 땅을

생명이 살 수 없는 황량한 풍경으로 만들어버렸다. 이 풍경은 이후 10년 동안 이어졌다.

몇몇 정착민들은 그대로 머물러 뉴딜 정책의 도움을 받으며 비가 다시 내리기를 기다렸으나

또 다른 이들은 좀 더 안정적인 날씨를 찾아

더 먼 서쪽으로 계속 이동했다.

이러한 기후 난민 중 많은 수가 1930년대 캘리포니아에 도착했다.

미국은 이곳에 세계에서 가장 큰 규모의 물 프로젝트를 추진했는데,

캘리포니아 센트럴 밸리에 약 644킬로미터에 이르는 물 관리 네트워크를 조성하는 사업이 그것이었다.

시에라네바다산맥

새크라멘토

오클랜드
샌프란시스코

로스앤젤레스

태평양

센트럴 밸리 프로젝트는 펌프와 운하를 이용해

시에라네바다산맥에 있는 녹은 눈에서 물을 끌어와

황량한 골짜기와 그곳의 작물에 공급했다.

물에 대한 보조금은 처음에 가뭄으로 어려움을 겪는 소규모 농장의 농부들을 돕기 위해 제공되었다.

충분한 물을 얻은 소규모 농장은 기업형 농장으로 발전하였고

돈이 되는 농작물이 다량으로 경작되기에 이르렀다.

충분한 물을 공급하려는
원대한 계획을
세우기 위해

미국 정부와 연방 정부는
대륙의 급수시설에
강력한 변화를 주기
시작했다.

강을 따라 벽을 세우는
것이 그 시작이었다.

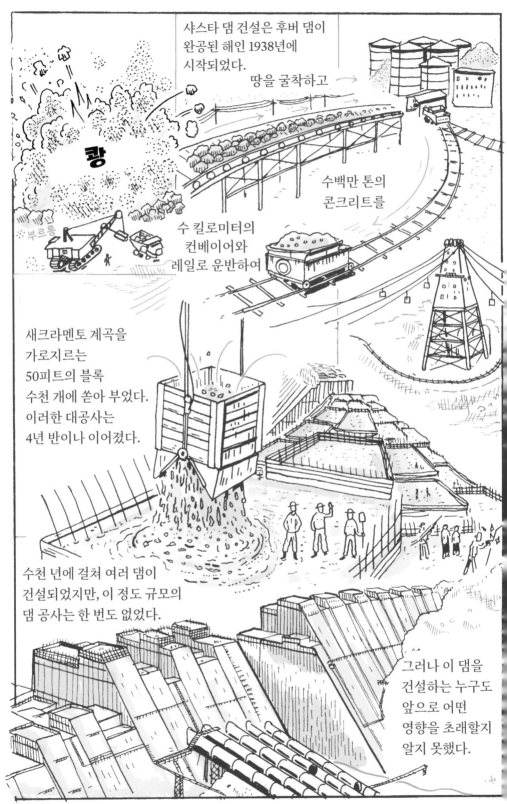

샤스타 댐 건설은 후버 댐이
완공된 해인 1938년에
시작되었다.

땅을 굴착하고

쾅

부르릉

수 킬로미터의
컨베이어와
레일로 운반하여

수백만 톤의
콘크리트를

새크라멘토 계곡을
가로지르는
50피트의 블록
수천 개에 쏟아 부었다.
이러한 대공사는
4년 반이나 이어졌다.

수천 년에 걸쳐 여러 댐이
건설되었지만, 이 정도 규모의
댐 공사는 한 번도 없었다.

그러나 이 댐을
건설하는 누구도
앞으로 어떤
영향을 초래할지
알지 못했다.

강에 댐을 건설하기로
결정한 정부는 여러 목적을
가지고 물의 순환을
끊어버릴 수밖에 없었다.

강에서 일어나는 범람을
통제하고,

떨어지는 물로 전력을
생산하고,

이 물을 식수 및 농작물
재배 시스템으로
흘려보냈으며,

부르르르릉

수천수만 에이커의 땅을 물로 채워
어마어마한 규모의 저수지를 만들었다.

댐의 규모가 엄청나서 그로 인한 피해도 광범위했지만, 쉽게 눈에 띄지 않았다.

댐은 건강했던 강을 해치고, 강에 의존해오던 공동체의 문명에 큰 해를 입혔다.

땅에 물을 채워 저수지를 만드는 바람에 주민들은 모두 내쫓김

심각하게 훼손된 강 생태계

댐 뒤쪽으로 토사와 진흙이 깔림

강이 둑과 해안을 보충하는 것을 막음

정부는 콜로라도강처럼 수많은 큰 강의 주요 지류에 수십, 수백 개의 댐을 건설했는데,

너무 많은 물길을 산업용과 관개용으로 돌리는 바람에 강물은 바다까지 닿지 못했고,

생명에 필요한 물의 생태계 역시 사라지고 말았다.

댐 건설은 지역 전체를 개발하고 지역에 전력을 공급하기 위한 목적으로 진행된 프로젝트의 하나였다.

네바다, 후버 댐  콜로라도강

두 곳의 연방 기관 및 국토개발국과 미 육군 기술부대가 프로젝트에 가담해 기금 확보를 위해 경쟁했다.

테네시, 노리스 댐  클린치강

전 국토에 걸쳐 최대한 많은 댐을

워싱턴, 그랜드쿨리 댐  컬럼비아강

최대한 많은 강에 건설하기 위해서였다.

1920~1950년  1만 개의 새로운 댐

기관들은 댐의 유용성을 과장하고

1950년~1980년  4만 개의 새로운 댐

미국의 강들

캘리포니아, 오로빌  페더강

댐 건설에는 수천 명의 노동자가 동원됐고,

해로운 영향은 과소평가했다.

암석과 댐, 미시시피강

식민통치국을 비롯한 여러 국가들이 댐을 건설하면서

전 세계에 댐이 분포되어 있었고,

지구의 가장 큰 강들은 저수지로 변해버렸다.

1971년 범람하는 나일강을 막아 만든 나세르 호수

아스완 하이 댐과 로우 댐

영국 식민 개척자들은 1902년 이집트의 나일강을 따라 처음으로 댐을 건설했다.

세계은행에서 대출받은 자금으로 지은 큰 댐들은 근대화의 상징이 되었다.

짐바브웨, 잠베지강, 카리바 댐

공학자들의 지식과 경험은 존중받은 반면,

지역의 생태계는 무시당했고,

인도, 나르마다강, 사르다르 사로바로 댐.

지역 주민들의 동의를 얻지 않은 채 댐이 건설되었다.

댐은 보통 수백만 사람들의 의지에 반해 건설되었다.

그들은 강둑 주변에 살고 있었다.

2012년까지

지구상에는 최소 5만 8,000개의 큰 댐과 수백만 개의 작은 댐이 지어졌는데,

그로 인해 주요 강들의 3분의 2가 더는 자유롭게 흐르지 않게 되었다.

중국, 양쯔강, 싼샤 댐

너무 많은 물이 댐 뒤에 모여

지구의 회전 양상을 변화시켰다.

규모가 큰 급수시설은 다른 시스템들의 기초가 되었고,

'개발'과 관련된 부분에 많은 이득을 가져왔다.

하지만 이러한 급수시설의 가치에만 집중한 탓에 공동체와 서식지에 끼치는 피해와

기후 변화 시대를 맞이한 환경의 한계를 모두 숨겼다.

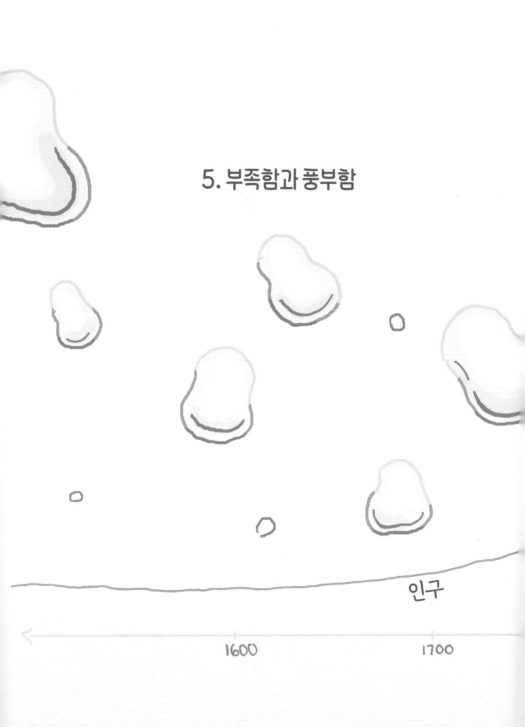

# 5. 부족함과 풍부함

인구

1600

1700

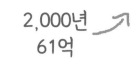

2,000년
61억

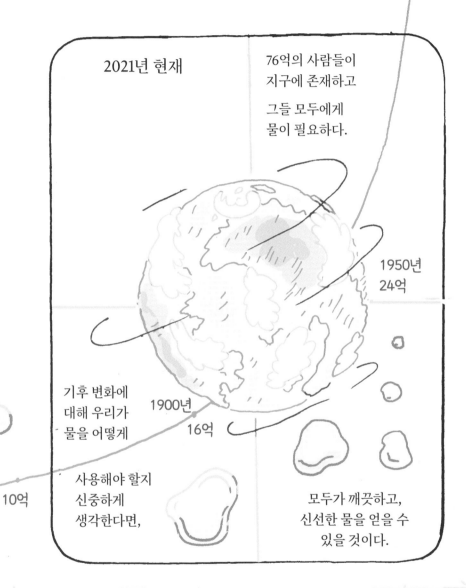

2021년 현재

76억의 사람들이
지구에 존재하고

그들 모두에게
물이 필요하다.

1950년
24억

기후 변화에
대해 우리가
물을 어떻게

1900년

16억

10억

사용해야 할지
신중하게
생각한다면,

모두가 깨끗하고,
신선한 물을 얻을 수
있을 것이다.

1800          1900          2000

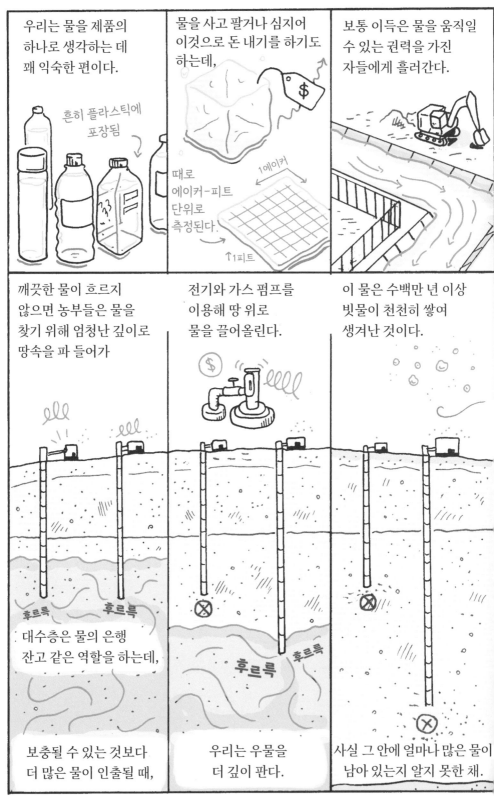

우리는 물을 제품의 하나로 생각하는 데 꽤 익숙한 편이다.

흔히 플라스틱에 포장됨

물을 사고 팔거나 심지어 이것으로 돈 내기를 하기도 하는데,

$

때로 에이커-피트 단위로 측정된다.

1에이커

↑1피트

보통 이득은 물을 움직일 수 있는 권력을 가진 자들에게 흘러간다.

깨끗한 물이 흐르지 않으면 농부들은 물을 찾기 위해 엄청난 깊이로 땅속을 파 들어가

전기와 가스 펌프를 이용해 땅 위로 물을 끌어올린다.

$

이 물은 수백만 년 이상 빗물이 천천히 쌓여 생겨난 것이다.

후르륵 후르륵

대수층은 물의 은행 잔고 같은 역할을 하는데,

후르륵 후르륵

보충될 수 있는 것보다 더 많은 물이 인출될 때,

우리는 우물을 더 깊이 판다.

사실 그 안에 얼마나 많은 물이 남아 있는지 알지 못한 채.

농업용으로 물을
끌어 쓰는 것은
이해가 된다.

하지만 육류 위주의
식단을 위해, 과도한
양의 물이 쓰이고

목화와 견과류 같은 돈벌이
식물을 경작하는 데도 많은
물이 쓰이고 있다.

알팔파

소를 먹이는
데 쓰임

$

$

$

$

$

물은 댐에 저장되어
터빈을 돌리는 무게로
사용되며,

대부분 전력 발전소로
열을 전달해

전류를 생성하는 데
사용된다.

산업용으로도 쓰이고,

화학물질을 생산하고

석유를
정제하는 데
쓰임

데이터 센터를
식히는 데도 쓰인다.

옷을
만들고,

청바지 하나를
만드는 데
2,000갤런의
물이 필요하다.

~3,000
갤런

600갤런

그리고 기본적으로
우리 주변의 모든 것에
물이 필요하다.

30갤런

~600갤런

우리 중 몇몇은 개인적 용도나 식수용으로 적은 양의 물을 끌어 쓰기 위해

끌어올림

무게

파이프, 펌프, 타워 같은 훌륭한 시스템에 접근하여

물의 압력

사람들이 소비할 수 있게 특별히 처리되고 정수된 물을 제공한다.

이러한 물 시스템에 접근할 수 없는 수십억의 사람들은

여전히 매일 매일 가능한 모든 방법을 동원해

물을 얻어와야 한다.

물

이는 늘 물 부족과 싸워야 한다는 뜻이며

산업공해와

다른 이들이 사용하고 버린 하수로 버텨내야 한다는 뜻이다.

80%의 물 폐기물은 처리되지 않은 채 환경으로 다시 돌아온다.

매년 3억~4억 톤의 중금속, 유독성 폐기물을 비롯하여 여러 폐기물이 전 세계의 물에 버려진다.

18억의 사람들이 분뇨로 오염된 물을 마신다.

미국에서는 심지어
수도에 접근할 수 있다고
해서 안전을 보장받는
것은 아니다.

시스템을 만든 뒤 방치하면
전체 인구를 은밀히
독살하는 오염 물질이
생길 수 있다.

기억하라,
우리 몸의
60%는
물이다.

보통 정치 경제적 지원이
부족한 유색인종 공동체에서
이런 일이 빈번히 일어난다.

신경 손상과 그 이상의 피해를
초래할 수 있다.

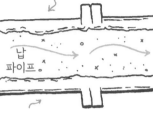

납
파이프

특히 어린이들에게 더 위험하다.

부유한 도시라도 어렵고
비용이 많이 드는 개선 작업은
수십 년이 걸릴 수 있고,
새 지도자에 의해 미뤄지기
일쑤다.

수로관에 대해
생각하지 않음

뉴욕시는 허드슨강의 900피트
아래로 약 3.3킬로미터의
우회 터널을 오랫동안
건설해오고 있는데,

터널 비용 10억 달러

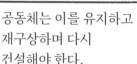

노라, 거대 드릴:
3,000만 달러

도시 물 공급의 절반 이상을
담당하던 수도관 하나에
누수가 생겨 수리
중이다.

모든 기반시설과
마찬가지로 상수도 건설은
절대 끝나지 않는다.

공동체는 이를 유지하고
재구상하며 다시
건설해야 한다.

특히 지금처럼

순환 시스템이 빠르게
변화하는 때에는 특히
중요한 일이다.

미국과 유럽 주도의
전 세계 산업은
지구의 순환 구조를
바꾸기 시작했다.

이는 모든 생명체가
의지하고 오랫동안
간직해온 양식들을
바꾸고

거칠고 폭발적이며
설명할 수 없는 방향으로
기후를 변화시켰다.

이는 우리가
계획하지 않았던
것이었다.

이러한 변화로
갑작스럽고 격렬하게 물이
범람할 수도 있고,

수십 년 동안이나 황량한
물 부족 사태를 일으킬 수도 있으며,

생존할 수 있는 땅,

즉 물 순환이 더 안정적으로
이루어지는 곳을

찾아나서야 하는 상황에
내몰릴 수도 있다.

우리는 이러한 문제를 쉽게 해결할 수 있는 새로운 기술에 대해 많은 논의를 한다.

담수 공장은 물에서 염분을 제거해주는 거대한 기계인데,

다른 것과 마찬가지로 한계가 있고 생태학적인 비용을 동반한다.

엄청난 에너지가 필요하다.

고염분의 폐기물을 배출한다.

한편 에너지의 원천을 바꿈으로써 지구온난화를 지연시킬 수 있다.

공기 중의 탄소

땅에서 나오는 탄소

가능한 한 최소량의 석탄 연료로도

가정에 전력과 열을 제공하고 이동 수단을 계속 이용할 수 있을 것이다.

또한 인터넷, 감지기, 컴퓨터 모델을 사용하여

세계적 규모로 자연의 양상을 이해할 수 있으며

변화를 예측하고 정책을 공유할 수 있을 것이다.

2050

하지만 기술적인 해결책을 가장 우선에 두기보다는

물 사용이 다른 주체에게 어떤 영향을 끼치는지와

물 순환 속에 존재하는 우리의 위치를 이해하고 행동할 필요가 있다.

물 순환의 상류 공동체와 하류 공동체 사이에 존재하는 권력의 차이를 인식하고

신중하게 결정해야 할 필요도 있다.

그리고 물에 대한 접근권을 전체 인구와 공유할 수 있도록 사유화하지 말아야 한다.

물의 순환주기가 급변함에 따라 살던 곳에서 내몰린 이들을 지원할 수 있는 인도적 해결책도 필요한데,

물의 가상 가격과 가치를 내리는 것도 한 방법이 될 수 있다.

누군가 임의로 만들어놓은 경계선을 허물고

인간의 기본적인 필요에 맞게 접근권을 공유하는 것 역시 필요하다.

최근 들어 공동체는
자연 기반시설의 이점을
이용하기 시작했다.

빗물을
빨아들이는
도심의 생태수

도심의 나무들은
대기 온도를 낮춘다.

탄소를
저장한다.

땅 위의 빗물을
흡수한다.

보기에도
좋다.

자연적인 범람 습지는 홍수를
늦추고 수면을 낮춰준다.

댐을 무너뜨려
강물을 자유로이
흐르게 하고,

워싱턴,
글라인스
캐니언

원주민들이
하천 복구를
주도한다.

약탈한 땅과 물을 지역의
원주민들에게 돌려주어

**땅을 되돌리다.**

사우스다코타주의 래피드시티,
라코타 랜드

오랫동안 이 땅을
돌봐왔던 그들의 지혜를
따르기로 한 것이다.

파나마, 나소 삼림

이러한 각각의
행동에서 우리는
물의 순환을
잘 이해할 수 있다.

물은
상상할 수 있는
모든 규모에서

광대한
생태계가 함께
사용하는 것이며,

생물 다양성과
그 무한한
공생 관계에

생명력을
불어넣어
주는 것이다.

물에 대하여 다음과 같은 서로 다른 규모의 시스템, 그러니까

우리의 몸,

관개된 밭,

가정,

도시,

그리고 산업 규모에 이르기까지 이해하고 나면

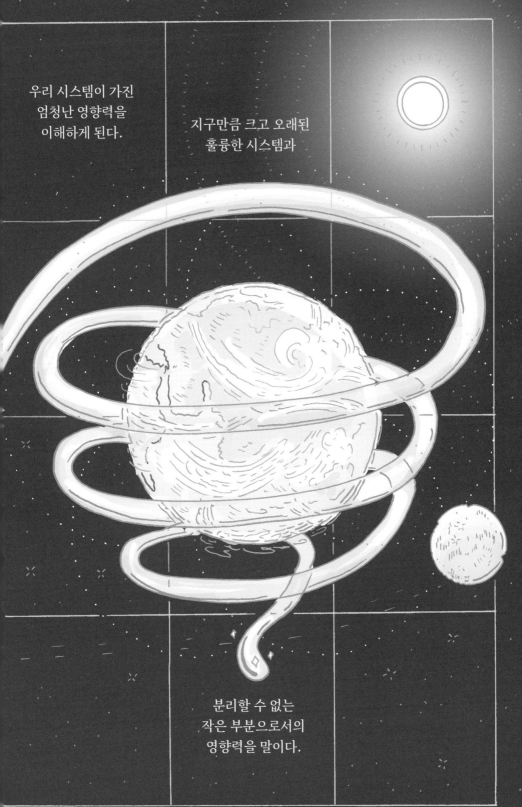

우리 시스템이 가진
엄청난 영향력을
이해하게 된다.

지구만큼 크고 오래된
훌륭한 시스템과

분리할 수 없는
작은 부분으로서의
영향력을 말이다.

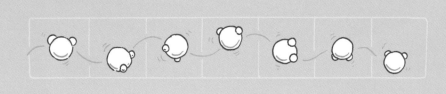

# 어떤 미래를
# 상상할 수 있을까?

이 책을 만들고 난 후에도

나는 여전히 모르는 게
많다는 사실에
놀라곤 한다.

과거와 역사,
둘 사이에 존재하는

커다란 차이를
깨달았다.

(그리고
어느 정도
압도적인 과거)

무한한 깃으로서의 과거와
과거에 일어난 일에 대한
주관적이고 선택적인
해석과 기록인 역사 사이의
차이 말이다.

이 책에서 내가 던진
질문에 답을 하려는
독자라면 누구나

여기 있는 작은 칸들을
채우기 위해

서로 다른 이야기를
선택할지도 모른다.

작은 세부 상황을
더 확대해서
들여다볼지,

아니면 넓은 관점에서
이해할 수 있도록
축소해서 바라볼지
하는 것 말이다.

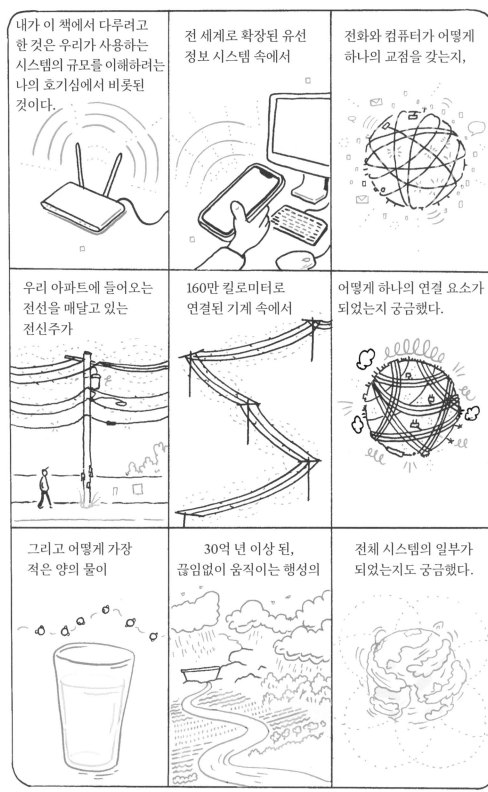

내가 이 책에서 다루려고 한 것은 우리가 사용하는 시스템의 규모를 이해하려는 나의 호기심에서 비롯된 것이다.

전 세계로 확장된 유선 정보 시스템 속에서

전화와 컴퓨터가 어떻게 하나의 교점을 갖는지,

우리 아파트에 들어오는 전선을 매달고 있는 전신주가

160만 킬로미터로 연결된 기계 속에서

어떻게 하나의 연결 요소가 되었는지 궁금했다.

그리고 어떻게 가장 적은 양의 물이

30억 년 이상 된, 끊임없이 움직이는 행성의

전체 시스템의 일부가 되었는지도 궁금했다.

이 엄청난 규모를 보다 쉽게 이해하기 위해서

터빈 + 발전기

천연가스

다이어그램을 그려볼 수 있다.

(내가 종종 그리는 것이다.)

하지만 다이어그램은 실제 존재하는 공간에서 기반시설을 생략해 버린다.

마찬가지로 지형 속에서 기반시설이 지나간 흔적을 지우고

기반시설을 짓게 된 역사적 맥락과 의사결정을 간과해버린다.

미국 노동 프로그램 WPA

시스템을 다이어그램으로 살펴볼 때 우리는 그늘에 가려진 사람들의 존재를 무시하고,

버려진 폐기물 속에 누가 살고 있는지,

라인3

물을 보호하자

파이프라인을 중단하라

그리고 누가 환경 정의를 위해 지치지 않고 싸우고 있는지도 역시 지워버린다.

숨은 시스템은 공학 이상의 것으로, 우리의 삶과 사고를 만든다.

나는 옛사람들이 연기를 내뿜지 않는
빛을 처음으로 보게 된 순간과

소금기 가득한
더러운 물만 마시던 사람들이

깨끗한 물이 가득 담긴
분수의 아름다움을
처음 본 순간,

혹은 통신망을 통해
바다를 건너온 메시지를
처음 받은 순간과

컴퓨터 네트워크를 통해
메시지를 받은 순간을
상상해보려 한다.

이런 시스템은
모두 한때는
놀라움이었으나,

이제는 우리가
하려는 모든 것을
가능하게 해준다.

하지만 그 대가를
치러야 한다.

타인에게도

지구에도
말이다.

나는 서로 떼어놓을 수 없는 기반시설들이 있다는 사실을 알았다.

또한 사람이나 자연으로부터 분리할 수 없는

기반시설들이 있다는 것도 알게 되었다.

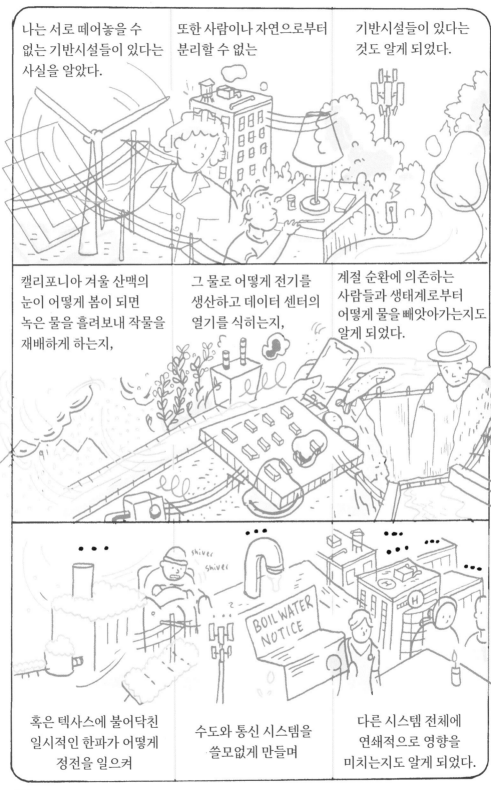

캘리포니아 겨울 산맥의 눈이 어떻게 봄이 되면 녹은 물을 흘려보내 작물을 재배하게 하는지,

그 물로 어떻게 전기를 생산하고 데이터 센터의 열기를 식히는지,

계절 순환에 의존하는 사람들과 생태계로부터 어떻게 물을 빼앗아가는지도 알게 되었다.

혹은 텍사스에 불어닥친 일시적인 한파가 어떻게 정전을 일으켜

수도와 통신 시스템을 쓸모없게 만들며

다른 시스템 전체에 연쇄적으로 영향을 미치는지도 알게 되었다.

정보, 전기, 물은
눈에 띄지 않은 채
움직인다.

그것들의 작동 시스템을
이해하는 것은

또 하나의 독특한
관점이 될 수 있다.

게다가 시스템이 놓여 있는
자연적 토대 역시
이해할 수 있다.

처음에 사람들은
지구의 자연 시스템의
윤곽을 따라
기반시설을 지었고,

새로운 기반시설 시스템은
이전의 윤곽을 다시
따르는 경향이 있다.

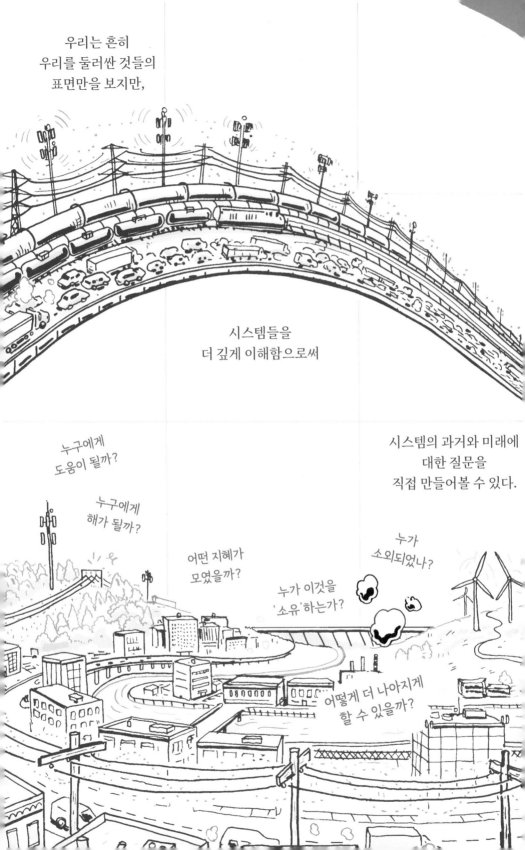

이러한 질문을 던지며
시스템을 바로잡고

재해석해보면서

지구와 더욱 균형을
이루는 세상을
창조해볼 수 있는 것이다.

그렇게 되면
우리는 모두
공평해질 수 있다.

정보의 일부

전류

발견기의 회전

변압

정견

무선 데이터

오염과 독성

숨은 시스템
스케치북

48-Page Memo Book
...terials / Made in the U.S.A.

기간

큰대 중반까지
인터넷 트래픽은
전체 트래픽의
절반 정도였다.

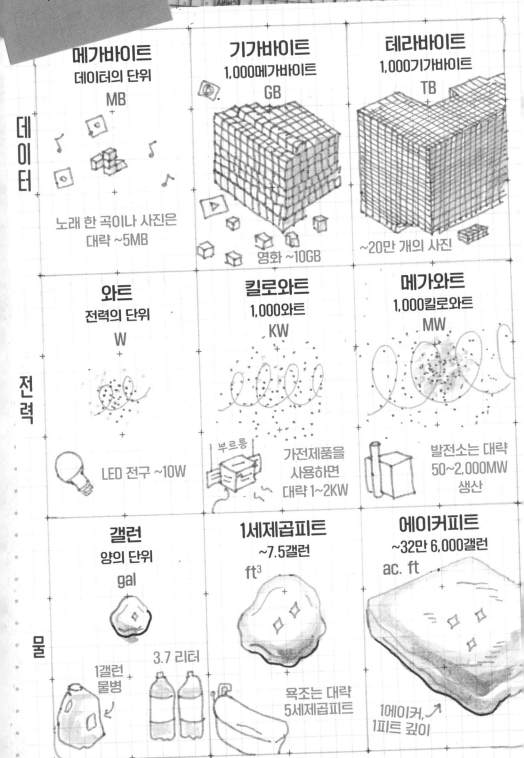

**측정 단위들**

**데이터**

### 메가바이트
데이터의 단위

MB

노래 한 곡이나 사진은
대략 ~5MB

### 기가바이트
1,000메가바이트

GB

영화 ~10GB

### 테라바이트
1,000기가바이트

TB

~20만 개의 사진

**전력**

### 와트
전력의 단위

W

LED 전구 ~10W

### 킬로와트
1,000와트

KW

부르릉

가전제품을
사용하면
대략 1~2KW

### 메가와트
1,000킬로와트

MW

발전소는 대략
50~2,000MW
생산

**물**

### 갤런
양의 단위

gal

1갤런
물병

3.7 리터

### 1세제곱피트
~7.5갤런

ft³

욕조는 대략
5세제곱피트

### 에이커피트
~32만 6,000갤런

ac. ft

1에이커,
1피트 깊이

인터넷은 꽤 추상적으로
보일 수 있다.

시간과 공간을
초월한 것처럼
보이기 때문이다.

잘 있나?

별로. 넌?

우리는 은유를 사용하여 인터넷을
묘사하는 경향이 있다.

전기는 생산되는 순간 소비된다.
그리고 거의 항상 생산된다.

엄청난 양의
에너지를
저장할 수 있는
거대한 배터리가
없다.

오래된
통신사 건물의
작업실

버몬트주 화이트 리버 융티온
비밀 인터넷 빌딩

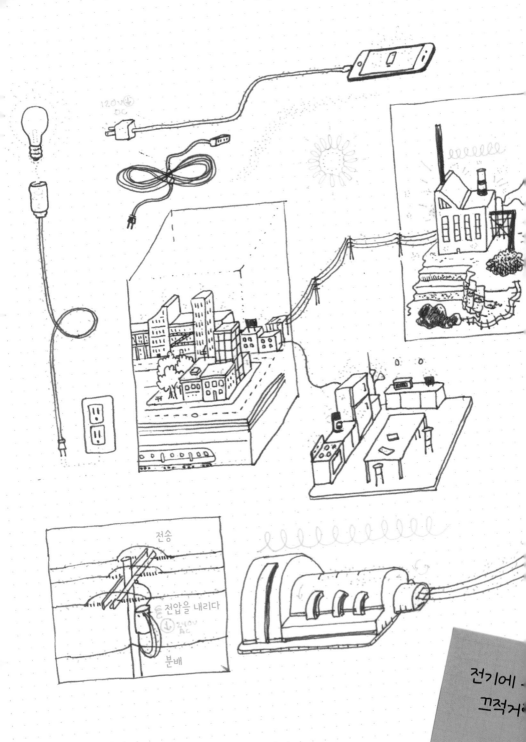

전송

전압을 내리다

분배

전기에 -
끄적거i

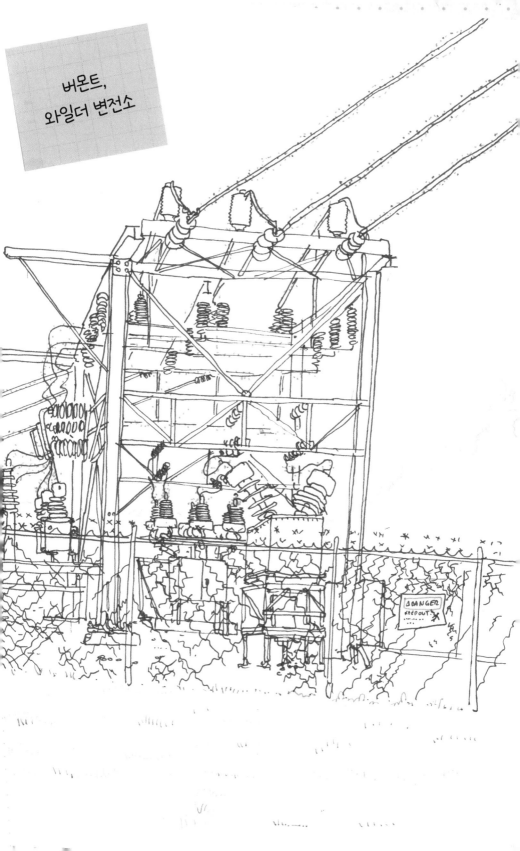

버몬트,
와일더 변전소

# 작가 노트 그리고 감사의 말

**기간** : 저는 이 만화를 4년에 걸쳐 하나씩 하나씩 연구하고, 쓰고, 그렸습니다. 우리는 매일매일 새로운 발전 소식을 듣게 됩니다. 최신의 새로운 정책을 반영하고 모두를 평등하게 만들기 위한 투쟁 속에서 좌절하기도 하면서 내용을 좀더 풍성하게 하려고 했지만, 자료 조사가 이루어진 시기와 새롭게 주제가 추가되었던 시기를 감안해 읽어주시기 바랍니다.

빛줄기 : 2017~2018
전력망 : 2018~2019
수도 : 2020~2021

**'우리의 땅'** : 이 책은 나키나(Ndakinna· "우리의 땅"이라는 뜻)에서 창작되었습니다. 그곳은 현재 버몬트와 뉴햄프셔를 흐르는 강의 상류로 알려진 화이트 리버(Wôbitekw, 워비텍크)와 코네티컷강(Kwanitekw, 콰니텍크)의 합류 지점이자 아메리칸 원주민 아베나키 부족이 살고 있는, 누구에게도 점령된 적 없는 전통 자치구 안에 있습니다. 아베나키 사람들은 나키나 지역 전체를 차지해 살아오고 있으며, 이 지역은 버몬트 · 뉴햄프셔 · 북부 매사추세츠 · 서부 메인 · 남부 퀘벡에 걸쳐 있습니다.

**이 책을 만든 여러분들께** : 애정과 진심을 다해 내게 만화가 무엇인지 가르쳐준 대릴에게 감사를 표합니다. 우리 가족과 여러 해 동안 끊임없이 내 책이 어떻게 되어가는지 물어봐준 친구 모두에게도 감사 인사를 드립니다. 만화 연구 센터 구성원 및 교수진에도 감사를 표합니다.
이 이야기를 발전시켜나가는 동안 멋진 통찰과 열정을 가지고 참을성 있게 지지해주고 책을 편집해준 갈리아노, 이 책이 세상에 나오는 엄청난 일을 해준 RH 그래픽의 위트니와 패트릭, 이 이야기의 앞을 내다봐준 나의 대리인 팔리 체이스, 미국 만화 연구 센터의 MFA 논문 프로젝트의 일환으로 이 책을 시작하게 해준 앤디 워너에게도 감사를 표합니다.

**피드백과 조언을 주신 분들께** : 초안을 읽고 피드백과 조언을 아끼지 않았던 모든 분—

소피 야노, 제이슨 루테스, 달리 시치크, 커일러 헤드룬드, 리스 후크, 엠마 헌싱어, 틸리 왈드, 제라드 그린, 이시 맨리, 누르 슈바, 제임스 스텀, 메러디스 앵윈, 브라이언 헤이스―에게 감사의 인사를 전합니다.

**좀 더 간단하고 간결하게 :** 이 만화를 그리며 저는 무엇보다 독자들이 시스템을 잘 이해할 수 있기를 바랐습니다. 그래서 세부 내용과 역사 이야기는 속도감 있게 읽힐 수 있게 했고, 사회 기반시설과 시스템을 그릴 때는 시각적 정확성을 넘어 명확성을 우선순위로 삼았습니다.

**조사와 연구 :** 발상 단계에서 수많은 소스로부터 영향을 받았습니다. 이 만화는 전 세계 인터넷, 전력망, 기후, 수도 시스템을 찾아 여행을 떠나 조사하고 사진 찍고 써 내려간 많은 사람들로부터 출발했습니다. 주제를 더 깊이 이해하기 위해 책, 영화, 예술 작품은 물론 참고문헌과 메모를 살펴보았고, 모두 이 책의 그림과 발상에 영향을 미쳤습니다.

기반시설 탐험에 나서 값진 통찰을 준 메러디스 앵윈, 뉴잉글랜드 표준화기구(ISO)의 몰리와 에릭, 전력회사 그린마운틴파워 및 노던킹덤커뮤니티 윈드팜의 직원인 크리스틴 홀퀴스트·브라이언 헤이스·매튜 왈드, 언론사인 프리프레스의 캔데이스 클레멘트, 나의 고등학교 과학 선생님이었던 린다 타란티노, 버몬트·하트포드 수도국의 릭 케니, 콘솔리데이티드 커뮤니케이션즈의 마크 우드와 랜스 스웬슨, 다트머스대학교 지리학과의 프랜시스 J. 매길리건·크리스토퍼 S. 스네던·콜린 A. 폭스와 부르스 R. 제임스·에릭 샌더슨, 뉴햄프셔의 레바논에 위치한 킬튼 공공도서관의 멋진 사서들, 인터넷·전기·물·관계에 대하여 나와 즐겁게 이야기를 나눠준 셀 수 없는 개인들입니다.

**예술적인 영감 :** 이 책에 영향을 미친 모든 원천을 기록할 수는 없을 것입니다. (또 불필요한 일일지도 모르고요.) 하지만 일부는 내게 지속적인 영감을 주었습니다. 완다 가그, 버지니아 리 버튼, 데이비드 매콜리의 훌륭한 그림책들, 만화 속에서 서술을 시각화한 리처드 맥과이어, 케빈 휘젠가, 소피아 포스터디미노, 소피 야노와 샘 월먼의 만화 에세이, 보이지 않는 놀라운 에너지가 담긴 론 레제 Jr.와 라일 웨스트빈드의 작품, 그리고 〈라스트 에어벤더(The Last Airbender)〉 역시 그러했습니다.

# 인용 출처

- **12쪽**_ "…숨겨진 궁극의 진리…" 데이비드 그래버의 《관료제 유토피아: 정부, 기업, 대학, 일상에 만연한 제도와 규제에 관하여》에서 인용한 말이다(한국에서는 2016년 메디치미디어에서 출간).

## 1장 빛줄기

### 1. 인터넷에 대한 정의

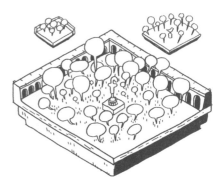

- **26쪽**_ "어쨌든 나는 컴퓨터 화면 속에 존재하는 추상 공간이…알았다…." 2011년 9월 22일자 《가디언》지에 실린 토머스 존스의 〈윌리엄 깁슨 : 사이버 스페이스 너머(Beyond Cyberspace)〉에서 인용했다.
- **27쪽**_ "사이버 스페이스… 합의된 환각 상태…" 1984년에 출간된 윌리엄 깁슨의 《뉴로맨서》에서 인용됐다(한국에서는 2005년 황금가지에서 출간).
- **28쪽**_ "우리가 사용하는 은유에는 보통 선입견이 녹아 있다…" 나는 이 개념을 10여 년 전, 정치 만화 작업을 할 때부터 사용하기 시작했다. 정치 만화는 보통 시각적 은유에 지나치게 의존하는 매체다. 나는 이 문장을 조시 디에자의 짧은 기사 〈인터넷에 담긴 은유의 역사(A History of Metaphors for the Internet)〉에서 인용했는데, 이 기사는 이 개념을 이해하는 데 도움을 주는 연표와 앨 고어, 주디스 도나스, 코넬리우스 푸시먼, 진 버지스, 피터 리먼, 팀 우, 레베카 로젠을 포함하여 이 개념에 대해 연구하고 글을 썼던 모든 사람들에 대한 세부내용을 제공한다.
- **32쪽**_ "인터넷이란…대부분의 물리적 기반시설이다…" 인터넷은 실체가 있다는 나의 이해는 몇몇 훌륭한 책과 글을 통해 얻은 것이다. 앤드루 블룸의 《튜브 : 인터넷 중심으로의 여행(Tubes: A Journey to the Center of the Internet)》, 잉그리드 버링턴이 쓴 《뉴욕 : 도시의 인터넷 기반 시설에 관한 그림 현장 안내서(New York: An Illustrated Field Guide to Urban Internet Infrastructure)》, 케이블 네트워크의 영향을 자세히 담은 니콜 스타로시엘스키의 《해저 네트워크(The Undersea Network)》가 바로 그 예다.

### 2. 케이블

- **34쪽**_ '태평양의 케이블 부설함'을 그리는 데 참고한 배는 해저에 전기 케이블을 놓기 위해 주로 사용되던 것이다. 케이블을 배에 감아두었다 해저에 깔게 되는데, 이러한 케이블 배는 케이블을 감아두는 면이 여러 개 있어 일반 배에 비해 크기가 더 크다.
- **36쪽**_ "올 레드 라인…" 지도는 대략 1903년 조지 존슨의 《올 레드 라인 : 태평양 케이블 프로

젝트의 목표 및 연대기(The All Red Line: The Annals and Aims of the Pacific Cable Project)》에서 인용하였다. 이 지도에는 영국에서 깔아둔 케이블만 나타나 있다. 당시 다른 나라의 케이블도 꽤 많이 놓여 있다.

- **37쪽_ "미국이 쿠바를 침공할 당시…"** 내가 아는 바로 이 일은 전쟁 중에 일어난 해저 케이블 사보타주의 첫 번째 예다. 성공에 대해서는 논쟁의 여지가 있지만, 미국이 모든 케이블을 자를 수 없었다는 데 대다수가 동의하고 있다.
- **37쪽_ "루스벨트는 태평양 케이블 등을 이용해…"** 제프리 K. 라이언스의 〈태평양 케이블, 하와이, 그리고 글로벌 커뮤니케이션(The Pacific Cable, Hawai'i, and Global Communication)〉
- **37쪽_ "제국주의와 상업 주도의…통신 네트워크는…"** 지도는 대략 역사적인 케이블 기업의 지도를 참고했다. Atlantic-cable.com에는 빌 번스가 선정한 이러한 지도들이 들어 있다. 니콜 스타로시엘스키는 《해저 네트워크》에서 통신 시스템의 식민시대 역사를 생생하게 기술했다.
- **38쪽_ "오늘날의 인터넷 광케이블은…"** 지도는 대략 텔레지오그래피의 케이블맵에서 인용하였다. 지도의 윤곽만을 나타내기 위해 제작된 것이므로, 케이블의 경로가 부정확하다. 내가 이 책을 위해 조사를 시작하던 시점에 여러 케이블이 이미 서비스를 시작하고 있었다. 가장 최신 정보를 반영하기 위해 쌍방형 지도인 submarinecablemap.com을 따랐다. 케이블의 수와 총 길이는 텔레지오그래피 해저 케이블의 2021년 하반기 FAQ를 기준으로 하였다.
- **43쪽_ "인터넷이 처음부터 통신 네트워크를 사용한 것을…"** 미국의 광섬유 뼈대에 대한 지도는 대략 라마크리슈난 듀레이라잔, 폴 바포드, 조엘 소머즈, 월터 윌링거의 2015년 위스콘신 대학 논문 〈인터튜브 : 미국의 장거리 광섬유 기반 시설에 관한 연구(InterTubes: A Study of the US Long-haul Fiber-optic Infrastructure)〉를 따랐다. 과거에는 케이블이 존재한다는 포괄적인 기록이 없었기 때문에, 연구자들은 수년 동안 함께 지도를 만들어냈다. 철길과 광섬유 케이블 경로에 대해 더 깊이 알기 위해서는 2015년 아이오 페스티벌에서 열린 잉그리드 버링턴의 강연 〈거리를 단축시키는 경향에 대하여(It Tends to Annihilate Distance)〉를 들어보라.

## 3. 접속

- **46쪽_ "군부에서 미국인들을 감시할 목적으로…"** 이 역사에 대한 빠짐없는 설명은 야샤 레빈의 《감시의 계곡 : 인터넷에 대한 군대의 숨겨진 역사(Surveillance Valley: The Secret Military History of the Internet by Yasha Levine)》를 보라.
- **50쪽_ "오늘날 교환지점은…"** 지도는 대략 텔레지오그래피의 정보교환지도에서 인용했다. 좀 더 정확한 쌍방향 지도를 찾는다면, internetexchangemap.com을 참고하라.
- **54쪽_ "지역 단위에도 역시…"** 그림은 co-buildings.com에

서 제공되는 안내자료를 참고했다. 해당 건물들에 대해 잘 알려져 있지 않은 사실들을 매우 쉽게 이해하게 된다.

## 4. 컴퓨터

- **58-59쪽_ "이것은 창고만 한 크기다"** 이 건물들은 실제로 훨씬 크다. 나는 구글 맵에서 제공하는 특정한 데이터 센터 단지를 참고했을 뿐이며, 잉그리드 버링턴이 《더 애틀랜틱(The Atlantic)》에 내기 위해 찍어 2015년에서 2016년까지 연재한 〈구름 아래(Beneath the Cloud)〉를 참조했다.
- **60쪽_ "데이터 센터들은 나라 곳곳에 자리하고 있지만…"** 이 데이터 센터 그림은 도식적인 목적으로 만들어졌다.

## 5. 마치며

- **69쪽_ "또 풍선, 태양열로 가동되는 드론,…"** 페이스북과 구글 모두 이렇게 작동된다. 하지만 풍선과 드론은 실용적으로 여겨지지 않는 반면 위성은 인터넷 접속에 있어 더 안정적이다.
- **70쪽_ "인터넷은 한 대의 컴퓨터처럼 보이며…"** "컴퓨터로서의 인터넷"이라는 이 은유에 대해 우리는 수십 년 동안 탐구해왔다. 1984년 존 게이지는 "네트워크가 곧 컴퓨터"라고 말했다. 1996년에는 닐 스티븐슨이 세계에서 가장 긴 광섬유 케이블에 관한 장편 에세이를 잡지 《위어드(Wired)》에 〈마더어스 마더보드(Mother Earth Mother Board)〉라는 제목으로 기고했다. 그는 이렇게 썼다. "만약 네트워크가 컴퓨터라면, 마더보드는 지구라는 행성의 표면이다."

## 2장 전력망

- **72쪽_ "내가 들은 천둥 중 가장 먼 것이라도…"** 이 시는 1999년 R. W. 프랭클린이 편집한 《에밀리 디킨슨 시선집(The Poems of Emily Dickinson)》에서 인용한 것이다.

### 1. 실험과 발명

- **89쪽_** 모든 특이한 것들을 전체적으로 이해하고, 우스꽝스러운 초기 전기 가전을 보려면, 마이클 브라이언 시퍼의 《번개가 내리치다 : 벤저민 프랭클린과 계몽시대의 전기 기술(Draw the Lightning Down: Benjamin Franklin and Electrical Technology in the Age of Enlightenment)》을 보라.
- **94쪽_ 펄 스트리트 발전소 :** 펄 스트리트 발전소 그림은 미국립역사박물관에서 소장하고 있는 1927년 에디슨 기업에서 만든 축적도 사진과 여러 동판화를 따랐다.

- **98쪽**_ '전류 전쟁'은 아마 전력망의 역사상 가장 유명한 사건일 것이며, 그러한 역사를 자세히 다룬 책과 영화가 많이 존재한다. 전기의자와 에디슨에 관해 일화를 알고 싶다면 마크 에시그의 《에디슨과 전기의자 : 빛과 죽음에 관한 이야기(Edison and the Electric Chair: A Story of Light and Death)》를 보라.

## 2. 망의 구축: 전송
- **101쪽**_ 그레천 바크는 이해하기 쉬운 훌륭한 역사서인 《그리드 : 기후 위기 시대, 제2의 전기 인프라 혁명이 온다》(한국에서는 2021년 동아시아에서 출간)에서 뉴욕 하늘을 뒤덮을 정도로 복잡하게 뒤엉킨 전선에 대해 자세히 알려준다. 특히 교외 지역의 발전을 도운 전력망의 사회문화적 영향을 들여다보고 싶다면 데이비드 E. 나이의 《짜릿한 미국 : 새로운 기술이 지닌 사회적 의미, 1880-1940(Electrifying America: Social Meanings of a New Technology, 1880-1940)》를 살펴보라.
- **107쪽**_ **뉴딜 정책** : 여기에 묘사된 그림은 깐깐하게 작업하기로 유명한 화가 찰스 실러의 1939년 작품으로, 댈러스 미술관에서 소장하고 있는 〈매달린 파워(Suspended Power)〉를 참조했다.
- **108쪽**_ **2차 세계대전** : 줄리 A. 콘은 지주회사와 2차 세계대전이 어떻게 전력망의 연결에 영향을 끼쳤는지 자신의 책 《전력망 : 미국 기술 속에 녹아 있는 인물의 전기(The Grid: Biography of an American Technology)》에서 기술한다. 전력망의 연결은 그저 선을 놓는 작업이 아니었으며, 몇몇 가구의 전기는 전시 정부의 명령으로 끊어지기도 했다.
- **110쪽**_ **전후 1950년대를 거치며** : 이 페이지는 1956년에 방송된 〈제너럴 일렉트릭 극장(General Electric Theater)〉의 한 일화를 바탕으로 하였으며 이 에피소드에서 미래 로널드 레이건의 가정 속 전력 기구를 살펴볼 수 있었다. 당시 텔레비전에서 세 번째로 인기 있던 프로그램으로, 한 주에 2,500만 명이 시청했다.
- **112-113쪽**_ **망의 발전** : 여기 지도들은 에디슨 전력회사에서 1962년 출간한 〈전력 시스템의 상호 연결 상태에 관한 보고서(Report on the Status of Interconnected Power Systems)〉에 나온 것을 따랐으며, 줄리 A. 콘의 《전력망 : 미국 기술 속에 녹아 있는 인물의 전기》에도 등장했다.

## 3. 망에 전력을 공급하다: 전력 생산과 연료
- **123쪽**_ **석탄 발전** : 북미 남서부 도시의 발전에서 석탄 및 전기의 역할에 관한 훌륭하고 창의적인 연구를 찾아보고 싶다면, 앤드루 니덤의 《전선 : 피닉스와 현대 남서부의 형성(Power Lines: Pheonix and the Making of the Modern Southwest)》을 보라.
- **130쪽**_ **"전력을 공급하기 위해…"** : 지역의 전력 조성을 그림으로 그리는 것은 어려운 작업이다. 여러분이 거주하는 주에서 어떻게 전력을 만들어내는지 보고 싶다면, 나자 포포비치와 브래드 플러머의 〈여러분이 사는 주에서는 어떻게 전기를 만드는가?(How Does Your State Make Electricity?)〉를 보라.

## 4. 전력망 균형: 분배와 수요

- **138-139쪽_ 균형 전문가** : 이 그림은 뉴잉글랜드 독립 시스템 운영자(NE-ISO)의 중앙 제어소를 기초로 하여 그렸다. 이곳에서는 뉴잉글랜드 전력망의 전력 균형을 맞춘다. 전력 발전, 송신과 관련한 시장 및 규제는 말할 수 없을 정도로 복잡하다. 메러디스 앵윈은 이런 숨은 시스템을 《전력망의 단락 : 전력망의 숨겨진 취약성(The Grid: The Hidden Fragility of Our Electric Grid)》에서 논의했다.

## 5. 마치며

- **146쪽_ 세계 곳곳의 전력망** : 짐바브웨의 전력망과 관련한 식민정치에 대해 더 알고 싶다면, 모세 치코웨로) 소논문 〈보조적인 전류 : 식민지 짐바브웨의 불라와요에서의 전기화와 권력 정치, 1894~1939(Subalternating Currents: Electrification and Power Politics in Bulawayo, Colonial Zimbabwe, 1894-1939)〉를 보라. 푸에르토리코에서 일어난 전력망 투쟁에 대해 알고 싶다면, 에드 모랄레스의 〈민영화하는 푸에르토리코(Privatizing Purto Rico)〉를 보라.


# 3장 수도

- **154쪽_ "알다시피 그들은 미시시피강 유역 곳곳을 정비했다…"** 이 인용구는 토니 모리슨의 수필 〈기억의 현장(The Site of Memory)〉에서 발췌했다. 수필은 이렇게 이어진다. "작가들은 우리가 어디에 있었는지, 어떤 계곡을 지났는지, 둑은 어떤 모양이었는지, 빛은 어떠했는지, 우리가 태어난 바로 그곳으로 되돌아가는 길이 어떠했는지를 기억한다. 이는 정서적인 기억이다. 기억이 나타나는 방식뿐 아니라 신경과 피부가 기억하는 방식을 모두 말한다. 상상이 봇물 터지듯 흘러나오는 것을 우리는 '홍수'라고 한다."

## 1. 지구의 물: 순환과 규모

- **170쪽_ "지구는 약 45억 년 전에 형성되었는데…"** 지구의 역사를 시각화하고 싶다면, 버지니아 리 버튼의 그림책 《생명 이야기(Life Story)》와 스미소니언 앱 〈지구와 대화하며 깊은 시간 속으로 여행(Travel through Deep Time with This Interactive Earth)〉을 보라.
- **171쪽_ "지구 크기 전체를 놓고 보면…"** 지구의 물 관련 데이터는 미 지질조사국(USGS)에서 제공된 자료다.
- **172쪽_ "상상해보는 것은 쉬운 일이다"** 매일의 물 사용량 측정치는 일정하지 않다. 하지만 USGS에서 측정한 데이터를 보면 대략 매일 303~378리터가 사용된다.
- **174쪽_ "…역사를 상상하는 것 역시 어렵다"** 국립과학재단에서는 빙하코어 시설을 운영하고 있으며 icecores.org를 접속하면 훌륭한 자원들을 찾아볼 수 있다. 과학자들은 나이테를 연구해 통찰을 얻은 뒤 과거에 대한 데이터를 제공한다.

## 2. 흥망성쇠, 정착지와 도시

- **189쪽_ "대략 6,000년 전…"** 물과 문명에 관한 광범위한 역사적 사실을 알고 싶다면, 스티븐 솔로몬의 《물 : 부, 권력과 문명화를 위한 투쟁의 서사시(Water: The Epic Struggle for Wealth, Power, and Civilization)》와 스티븐 미슨의 《목마름 : 고대 세계의 물과 권력(Thirst: Water and Power in the Ancient World)》을 보라.

- **195쪽_ "어림잡아 약 100만 명의 인구가…"** 고대 인구 측정치는 조사마다 거의 항상 큰 차이가 있지만, 로마의 인구는 50만 이상에서 100만 이하의 범위 안에서 측정되는 것을 알게 되었다.

- **198쪽_ 문명의 순환 :** 이 책에 더 많은 자리가 있었다면 역사를 통틀어 나타나는 (여전히 남아 있기도 한) 기발한 수도 시스템을 선보이고 싶었다. 빅토리아 로트만은 《인도의 사라진 우물 계단(The Vanishing Stepwells of India)》이라는 책에서 인도의 계단식 우물에 관한 아름다운 사진들을 선보였다. 또한 가상 앙코르 프로젝트에서 방문객들은 현재 캄보디아에 있는 앙코르 와트에서 13세기 수도 시설을 갖춘 주요 도시를 탐험할 수 있다.

## 3. 도시에서의 물

- **202-203쪽_ 마실 물 :** 맨해튼과 웰리키아 프로젝트에 관해 더 많은 정보가 필요하다면 Welikia.org를 보라. 이 프로젝트는 식민시대 이전의 맨해튼섬과 주변 지역을 되살리는 것을 목표로 했으며 에릭 W. 샌더슨이 이를 이끌었다.

- **203쪽_ 크로톤 송수로 :** 뉴욕 초기 수도 시스템을 건설하고 기념했던 것과 관련한 이미지를 많이 수집해 디지털화해놓은 '오랜 크로톤 송수로 친구'에게 찬사를 보낸다.

- **204-207쪽_** 하수도에 관해 자세한 설명이 필요하다면, 스티븐 홀리데이의 《지하 하수로 안내서(An Underground Guide to Sewers)》를 보라. 이 책에는 시간과 지역을 모두 포괄하는 하수도 시스템 개발과 관련한 시각 자료가 많다.

- **208쪽_ 일을 위한 물 :** 데이비드 매콜리의 《제분소(Mill)》는 제분소가 작은 물레방아에서 공장으로 어떻게 변화하며 건설되어갔는지를 훌륭한 그림과 함께 보여준다.

## 4. 토지와 물 소유권 주장

- **212-213쪽_ 음식을 위한 물 :** 이 두 페이지의 하단 층은 1916년 텍사스 팬핸들을 배경으로 한 테렌스 맬릭 감독의 영화 〈천국의 나날들(Days of Heaven)〉(1978)의 몇몇 장면에서 영감을 받았다. 이 영화는 네스토 알멘드로스와 하스켈 웩슬러가 촬영했다. 우리가 만든 환경 재앙을 더 살펴보고 싶다면, 2012년 PBS에서 상영된 켄 번스의 〈더스트 보울(The Dust Bowl)〉을 살펴보라. 북미를 강타한 식민지로 인해 미국 원주민 부족이 어떤 환경적 불의에 처했는지에 관한 설명을 듣고 싶다면, 디나 길로휘터커의 《풀이 자라준다면(As Long as Grass Grows)》을 보라.

- **214쪽_ 관개용수 :** 센트럴 밸리 물 프로젝트는 수십 년 동안 지속되었으며 캘리포니아 물 프로젝트와 연계해 진행되었다. 이 지도는 미국 개간국에서 의뢰하여 A. A. 아벨이 그리고, 호엔

사에서 인쇄한 이미지를 조금 과장하여 비슷하게 그렸다.

- **216쪽_ 샤스타 댐** : 이곳의 몇몇 이미지는 하워드 코비가 1945년 찍은 무성영화 〈그리하여 샤스타 댐이 지어졌다(So Shasta Dam Was Built)〉에서 영감을 받았다. 이 영화는 2017년 샤스타 역사 협회의 유튜브에 게시되었다.

## 5. 부족함과 풍부함

- **224쪽_ "깨끗한 물이 흐르지 않으면…"** 지하수를 끌어올리는 것은 수십년 간 광범위하게 규제되어왔다. 대수층을 과도하게 추출하면 문자 그대로 땅이 꺼져버릴 수 있기 때문이다.
- **226쪽_ "…적은 양의 물을 끌어 쓰기 위해…"** 이 장은 현대의 수도 관리 시스템에 관해 가볍게 다룬다. 동시대의 수도와 여러 다른 기반시설을 시각적으로 이해하고 싶다면, 브라이언 헤이스의 《기반시설 : 산업 경관 안내서(Infrastructure: A Guide to the Industrial Landscape)》를 강력히 추천한다.
- **229쪽_ "찾아나서야 하는 상황에 내몰릴 수도 있다"** 기후 변화가 이주에 미치는 영향은 토드 밀러에 의해 《습격당한 벽 : 기후 변화, 이주, 그리고 국토 안보(Storming the Wall: Climate Change, Migration and Homeland Security)》에서 보고되었다.
- **232쪽_ "댐을 무너뜨려 강물을 자유로이 흐르게 하고…"** 토착 집단과 부족들은 댐 제거와 종종 관련된다. 이러한 과정은 생태계 복원뿐 아니라 흔히 문화적 치유 관점에서 행해진다. 보다 자세한 내용은 콜린 A. 폭스 등이 작성한 보고서를 보라. "'강은 우리 자신이다. 강은 우리의 정맥을 흐른다.': 토착 사회 세 곳에서 강의 복원을 재정의하다.'
- **232쪽_ "약탈한 땅과 물을…돌려주어…"** 이 패널은 2021년 7월 4일 서로 다른 10개국에서 온 활동가들의 활동을 참고했다. 더 많은 정보를 원한다면, NDNcollective.org에서 이 단체의 정보를 찾아보라.
- **232쪽_ "오랫동안 이 땅을 돌봐왔던…"** 조상으로부터 내려온 땅을 보호하려는 파나마의 원주민 나소(Naso)인들의 노력에 대해 더 알고 싶다면, 가브리엘라 루더포드가 intercontinentalcry.org에 2019년 8월 20일에 게재한 〈국가가 아니라, 우리가 자연의 가장 좋은 보호자다 (We Are Nature's Best Guardians, Not the State)〉를 보라.

## 맺음말

- **241쪽_ "누가 환경 정의를 위해 지치지 않고 싸우고 있는지도…"** 디나 길로 휘터커는 환경 정의를 향한 토착민들의 저항 역사를 《풀이 자라준다면》에서 제공한다.

# 옮긴이의 주

## 1장 빛줄기

1 영국 식민지들 사이에 연결된 전자 전보 시스템을 일컫는 비공식적인 단어. 대영제국의 영토들을 빨간색 선으로 연결한 데서 유래

2 데이터 통신 과정에서 디지털 신호를 작게 분리하여 빠르게 전송하는 방식

3 통신 네트워크의 출입구

4 여러 네트워크를 연결해주는 장치

5 미국 전역에 흩어져 있는 연구소 및 대학의 컴퓨터를 연결한 네트워크로 인터넷의 시초

6 SDC, 1955년 설립된 최초의 소프트웨어 기업

7 여러 명의 사용자가 사용하는 시스템에서 컴퓨터가 각 프로그램을 작은 단위로 쪼개 순차적으로 처리해준다는 개념

8 인공지능의 한 분야로 컴퓨터가 경험을 통해 스스로 학습하고 업무를 수행하게 하는 연구 분야

# 참고문헌

## 1장 빛줄기

디에자, 조시. 〈인터넷에 담긴 은유의 역사(A History of Metaphors for the Internet)〉. TheVerge.com, 2014. theverge.com/2014/8/20/6046004/a-history-of-metaphors-for-the-internet.

라이너, 배리 M., 빈턴 G. 서프, 데이비드 D. 클라크, 로버트 E. 칸, 레너드 클라인락, 대니얼 C. 린치, 존 포스텔, 래리 G. 로버츠, 스티븐 볼프. 《인터넷의 간략한 역사(A Brief History of the Internet)》, Internetsociety.org, 1997. internetsociety.org/internet/history-internet/brief-history-internet.

라이언스, 제프리 K. 〈태평양 케이블, 하와이, 그리고 글로벌 커뮤니케이션(The Pacific Cable, Hawai'i, and Global Communication)〉. 《더 하와이언 저널 오브 히스토리 39(The Hawaiian Journal of History 39)》, 2005.

로젠, 레베카 J. 〈클라우드: 이는 항상 가장 유용한 은유일까? (Clouds: The Most Useful Metaphor of All Time?)〉, 《더 애틀랜틱》, 2011년 9월 30일. theatlantic.com/technology/archive/2011/09/clouds-the-most-useful-metaphor-of-all-times/245851.

레빈, 야샤. 《감시의 계곡 : 인터넷에 대한 군대의 숨겨진 역사(Surveillance Valley: The Secret Military History of the Internet)》, 뉴욕: 퍼블릭어페어, 2018.

리, 티모시 B. 〈인터넷을 설명하는 40개의 지도(40 Maps That Explain the Internet)〉. Vox.com, 2014. vox.com/a/internet-maps.

멘델슨, 벤. 《닫힌 문 뒤에서 함께, 묻히다(Bundled, Buried, and behind Closed Doors)》, 2011. 비디오, 10:05. vimeo.com/30642376

버링턴, 잉그리드, 그리고 에밀리 안 앱스타인, 팀 황, 캐런 레비, 알렉시스 마드리갈. 〈구름 아래(Beneath the Cloud)〉시리즈, 《더 애틀랜틱》, 2015~16.

버링턴, 잉그리드. 《뉴욕 네트워크 : 도시의 인터넷 기반 시설에 관한 그림 현장 안내서(Networks of New York: An Illustrated Guide to Urban Internet Infrastructure)》, 브루클린: 멜빌 하우스, 2016.

블룸, 앤드루, 《튜브 : 인터넷 중심으로의 여행(Tubes: A Journey to the Center of the Internet)》, 하퍼콜린스, 2012.

세루지, 폴 E. 《인터넷의 뒷골목 : 타이슨 코너의 첨단 기술, 1945~2005(Internet Alley: High Technology in Tyson's Corner)》, 케임브리지: MIT 출판사, 2011.

스타로시엘스키, 니콜. 《해저 네트워크(The Undersea Network)》, 더럼: 듀크대학 출판사, 2015.

스티븐슨, 닐. 〈마더어스 마더보드(Mother Earth Mother Board)〉. 위어드, 1996.

존슨, 조지.《올 레드 라인 : 태평양 케이블 프로젝트의 목표 및 연대기(All Red Line : The Annals and Aims of the Pacific Cable Project)》, 오타와: 제임스호프앤손즈, 1903.

파커, 매트, 감독.《사람들의 클라우드(The People's Cloud)》, 2017. thepeoplescloud.org

헤이스, 브라이언.〈정보 인프라의 기반 시설(The Infrastructure of the Information Infrastructure)〉, 아메리칸 사이언티스트85, 1997.

후, 퉁후이.《클라우드의 선사 시대(A Pre-History of the Cloud)》, MIT 출판, 2015.

TeleGeography.Submarine Cable Frequently Asked Questions. Submarine Cable 101. 2021. www2.telegeography.com/submarine-cable-faqs-frequently-asked-questions.

## 2장 전력망

국가 전력 조사(National Power Survey), 1964. 연방 전력 위원회

나이, 데이비드 E.《짜릿한 미국 : 새로운 기술이 지닌 사회적 의미, 1880~1940 (Electrifying America: Social Meanings of a New Technology, 1880-1940)》, 캐임브리지: MIT 출판, 1990.

니덤, 앤드루.《전력선: 피닉스, 그리고 현대적인 남서부 만들기(Power Line: Phoenix and the Making of the Modern Southwest)》, 프린스턴: 프린스턴대학 출판사, 2014.

로즈, 리처드.《에너지: 인간의 역사(Energy: A Human History)》, 뉴욕: 사이먼앤슈스터, 2018.

로치, 크레이그 R.《전력화: 세계를 변화시킨 기술, 벤저민 프랭클린부터 일론 머스크까지(Electrifying: The Technology That Transformed the World, from Benjamin Franklin to Elon Musk)》, 댈러스: 벤벨라북스, 2017.

루돌프, 리처드, 그리고 스코트 리들리.《전력 투쟁: 전기를 둘러싼 100년 전쟁(Power Struggle: The Hundred-Year War over Electricity)》, 뉴욕: 하퍼스앤로우, 1986.

모랄레스, 에드.〈민영화하는 푸에르토리코(Privatizing Puerto Rico)〉.《더 네이션(The Nation)》, 2020년 12월 1일.

먼슨, 리처드.《테슬라: 현대 사회의 발명가(Tesla: Inventor of the Modern)》, 뉴욕: W.W.노튼&Co, 2018.

보더니스, 데이비드.《열광하는 우주: 전기에 관한 충격적인 실화(The Grid: The Hidden Fragility of Our Electric Grid)》, 뉴욕: 크라운, 2005.

샤미르, 로넨.《전류: 팔레스타인의 전력화(Current Flow: The Electrification of Palestine)》, 팰로앨

토: 스탠포드대학 출판사, 2013.

쉬퍼, 마이클 브라이언. 《번개가 내리치다 : 벤저민 프랭클린과 계몽시대의 전기 기술(Draw the Lightning Down: Benjamin Franklin and Electrical Technology in the Age of Enlightenment)》, 버클리: 캘리포니아대학 출판사, 2013.

앵윈, 메러디스. 《전력망의 단락 : 전력망의 숨겨진 취약성(Shorting the Grid: The Hidden Fragility of Our Electric Grid)》, 하트포드: 카르노 커뮤니케이션즈, 2020.

에시그, 마크. 《에디슨과 전기의자 : 빛과 죽음에 관한 이야기(Edison and Electric Chair: A Story of Light and Death)》, 뉴욕: 워커앤컴퍼니, 2003.

존스, 질. 《빛의 제국: 에디슨, 테슬라, 웨스팅하우스의 세계 전력화를 향한 질주(Empires of Light: Edison, Tesla, Westinghouse, and the Race to Electrify the World)》, 뉴욕: 랜덤하우스, 2003.

콘, 줄리 A. 《전력망 : 미국 기술 속에 녹아 있는 인물의 전기(The Grid: Biography of an American Technology)》, 케임브리지: MIT출판, 2017.

톰슨, 윌리엄 L. 《전력망 위에서 살기: 간결하게 풀어본 북미 전력망의 토대(Living on the Grid: The Fundamentals of the North American Electric Grids in Simple Language)》, 블루밍턴, 인디애나: 유니버스, 2016.

포포비치, 나자, 그리고 브래드 플러머. 〈여러분이 사는 주에서는 어떻게 전기를 만드는가? (How Does Your State Make Electricity?)〉. 《뉴욕타임스》, 2020년 10월 28일자.

## 3장 수도

글레넌, 로버트. 《채울 수 없는 : 미국의 물 위기, 그리고 우리는 무엇을 해야 하나 (Unquenchable: America's Water Crisis and What to Do About It)》, 워싱턴D.C : 아일랜드 출판, 2009.

레이즈너, 맥. 《캐딜락 사막 : 미국 서부와 사라진 물(Cadillac Desert: The American West and Its Disappearing Water)》, 펭귄북스, 1986, 2017.

로트맨, 빅토리아. 《인도의 사라진 우물 계단(The Vanishing Stepwells of India)》, 머렐 출판, 2017.

루더포드, 가브리엘라. 〈국가가 아니라, 우리가 자연의 가장 좋은 보호자다(We Are Nature's Best Guardians, Not the State)〉. intercontinentalcry.org, 2019년 8월 20일. intercontinentalcry.org/we-are-natures-best-guardians-not-the-state.

미슨, 스티븐. 《목마름 : 고대 세계의 물과 권력(Thirst: Water and Power in the Ancient World)》, 케임브리지: 하버드대학 출판사, 2012.

밀러, 토드. 《습격당한 벽 : 기후 변화, 이주, 그리고 국토 안보(Storming the Wall: Climate Change,

Migration and Homeland Security)》, 샌프란시스코: 시티라이츠북스, 2017.

버튼, 버지니아 리.《생명 이야기 : 지구 위 생명 그 시작부터 지금까지의 이야기(Life Story: The Story of Life on Earth from Its Beginnings Up to Now)》, 보스턴: 호튼 미플린 하코트

볼, 필립.《물의 왕국: 중국의 숨겨진 역사(The Water Kingdom: A Secret History of China)》, 시카고: 시카고대학 출판사, 2017.

살즈만, 제임스.《물 마심의 역사(Drinking Water: A History)》, 뉴욕: 오버룩 덕워스, 2012, 2017.

세드락, 데이브.《물 4.0 : 세계에서 가장 필수적인 자원의 과거, 현재, 미래(Water 4.0: The Past, Present and Future of the World's Most Vital Resource)》, 뉴헤이븐: 예일대학 출판, 2014.

솔로몬, 스티브.《물 : 부, 권력과 문명화를 위한 투쟁의 서사시(Water: The Epic Struggle for Wealth, Power, and Civilization)》, 뉴욕: 하퍼 퍼레니얼, 2010.

스네던, 크리스토퍼.《콘크리트 혁명 : 커다란 댐, 냉전의 지정학, 그리고 미 개간국(Concrete Revolution: Large Dams, Cold War Geopolitics, and the US Bureau of Reclamation)》, 시카고 : 시카고대학 출판, 2015.

스미소니언.〈지구와 대화하며 깊은 시간 속으로 여행을(Travel through Deep Time with This Interactive Earth)〉. 웹용 앱. smithsonianmag.com/science-nature/travel-through-deep-time-interactive-earth-180952886.

아랙스, 마크.《꿈꿔온 땅 : 물과 모래를 따라 캘리포니아를 횡단하다(The Dreamt Land: Chasing Water and Dust across California)》, 뉴욕: 알프레드 A. 크노프, 2019.

앨런, 데이비드, 그리고 캐서린 와틀링.《H2O : 우리를 만드는 분자(H2O : The Molecule That Made Us)》, WGBH 보스턴 앤 패션플래닛 Ltd., 2020.

클라인, 나오미, 그리고 리베카 스테포프.《미래가 우리 손을 떠나기 전에》, 뉴욕: 사이먼앤슈스터, 2021(한국에서는 2022년 열린책들에서 출간).

키멜만, 마이블.〈맨해튼이 맨하타였을 때 : 수 세기에 걸친 산책(When Manhattan Was Mannahatta)〉.《뉴욕타임스》, 2020년 5월 13일.

테일러, 더세타(Dorceta).《악한 사회 : 인종차별적 환경정책, 산업으로 인한 오염, 그리고 주거 이동성(Toxic Communities: Environmental Racism, Industrial Pollution, and Residential Mobility)》, 뉴욕: 뉴욕대 출판부, 2014.

톰킨, 크리스토퍼 R.《크로톤 댐과 송수로(The Croton Dams and Aqueducts)》, 아카디아, 2000.

폭스, 콜린 A., 니컬러스 제임스 레오, 데일 A. 터너, 조안나 쿡, 프랭크 디투리, 브렛 퍼셀, 제임스 젠킨스, 에이미 존슨, 테리나 M. 레이키나, 크리스 릴리, 애슐리 터너, 줄리안 윌리엄스, 마크 윌슨.〈강은 우리 자신이다. 강은 우리의 정맥을 흐른다.' : 토착 사회 세 곳에서 강의 복원을 재정의하다.('The River Is Us; the River Is in Our Veins': Re-defining River Restoration in Three Indigenous Communities)〉.《지속가능성 과학 11 (Sustainability Science 11)》, no.3, 2016년 5월 3일.

피시맨, 찰스.《대가뭄 : 물의 비밀스러운 삶과 격변하는 미래(The Big Thirst: The Secret Life and Turbulent Future of Water)》, 뉴욕: 프리프레스, 2012.

홀리데이, 스티븐.《지하 하수도로의 안내(An Underground Guide to Sewers)》 혹은《파리, 런던, 뉴욕 안팎의 새벽(Down, Through & Out in Paris, London, New York)》, 케임브리지: MIT출판, 2019.


**일반 문헌**

길로휘터커, 디나.《풀이 자라준다면 : 식민시대부터 스탠딩 록까지, 환경 정의를 위한 토착민의 투쟁 (As Long as Grass Grows: The Indigenous Fight for Environmental Justice from Colonization to Standing Rock)》, 보스턴: 비컨 출판, 2019.

매콜리, 데이비드.《도시(City)》, 보스턴: 호튼 미플린 하코트, 1974.

_____.《제분소(Mill)》, 보스턴: 호튼 미플린 하코트, 1983.

_____.《지하(The Underground)》, 보스턴: 호튼 미플린 하코트, 1976.

_____.《지금 일들이 되어가는 방법: 지레에서 레이저까지, 풍차에서 와이파이까지, 기계의 세계로 가는 그림 안내서(The Way Things Work Now: From Levers to Lasers, Windmills to Wi-fi, a Visual Guide to the World of Machines)》, 보스턴: 호튼 미플린 하코트, 1988, 2016.

애셔, 케이트.《작품 : 도시 해부학(The Works: Anatomy of a City)》, 펭귄북스, 2005.

에커, 에마, 수 캔터베리, 아드리안 돕, 그리고 로렌 파머.《기계 숭배 : 형식주의와 미국의 미술(Cult of the Machine: Precisionism and American Art)》, 뉴헤이븐: 예일대학 출판, 2018.

《킹피셔 시각 자료(Kingfisher Visual Factfinder)》, 뉴욕: 킹피셔, 1993, 1996.

헤이스, 브라이언.《기반시설 : 산업 경관 안내서(Infrastructure: A Guide to the Industrial Landscape)》, 뉴욕 : W.W.Norton, 2005, 2014.

휠러, 스콧.《전력망에서 : 작은 대지, 평균적인 이웃, 그리고 우리 세계를 움직이는 시스템(On the Grid: A Plot of Land, an Average Neighborhood, and the Systems That Make Our World Work)》, 뉴욕: 로데일, 2010.

# 숨은 시스템

1판 1쇄 발행 | 2023년 4월 28일
1판 3쇄 발행 | 2024년 1월 15일

지은이 | 댄 놋
옮긴이 | 오현주
감수자 | 이기진

발행인 | 김기중
주간 | 신선영
편집 | 백수연, 정진숙
마케팅 | 김신정, 김보미
경영지원 | 홍운선
펴낸곳 | 도서출판 더숲
주소 | 서울시 마포구 동교로 43-1 (04018)
전화 | 02-3141-8301
팩스 | 02-3141-8303
이메일 | info@theforestbook.co.kr
페이스북·인스타그램 | @theforestbook
출판신고 | 2009년 3월 30일 제2009-000062호

ISBN | 979-11-92444-43-7 (03500)